Abdelghani Lakel
Sabrina Roguai

GENERALIDADES SOBRE OSNANOTUBOS DE CARBONO

Abdelghani Lakel
Sabrina Roguai

GENERALIDADES SOBRE OSNANOTUBOS DE CARBONO

ScienciaScripts

Imprint
Any brand names and product names mentioned in this book are subject to trademark, brand or patent protection and are trademarks or registered trademarks of their respective holders. The use of brand names, product names, common names, trade names, product descriptions etc. even without a particular marking in this work is in no way to be construed to mean that such names may be regarded as unrestricted in respect of trademark and brand protection legislation and could thus be used by anyone.

Cover image: www.ingimage.com

This book is a translation from the original published under ISBN 978-3-330-87193-9.

Publisher:
Sciencia Scripts
is a trademark of
Dodo Books Indian Ocean Ltd. and OmniScriptum S.R.L publishing group

120 High Road, East Finchley, London, N2 9ED, United Kingdom
Str. Armeneasca 28/1, office 1, Chisinau MD-2012, Republic of Moldova, Europe
Managing Directors: Ieva Konstantinova, Victoria Ursu
info@omniscriptum.com

Printed at: see last page
ISBN: 978-620-8-39996-2

ÍNDICE

I - INTRODUÇÃO

Os compósitos de polímeros têm frequentemente substituído com êxito os materiais metálicos e cerâmicos. Em muitas aplicações, os materiais poliméricos ofereceram uma alternativa ao vidro (PMMA, PC) e ao alumínio na aeronáutica, que foram substituídos por compósitos de matriz polimérica. Devido à sua leveza e facilidade de processamento, os polímeros são utilizados há muito tempo como isolantes eléctricos, e os primeiros trabalhos sobre polímeros extrinsecamente condutores ou polímeros carregados com partículas condutoras de eletricidade foram realizados nos anos 50 (Hitory of polymeric composites).

Nos compósitos com uma matriz isolante carregada de partículas condutoras, o transporte de corrente eléctrica está frequentemente confinado a partículas metálicas ou de grafite. A forma da fase condutora é frequentemente granular (negro de fumo, plaquetas de prata, etc.) ou fibrosa, como as fibras de carbono, as fibras de alumínio, etc.

Os compósitos estruturais são estruturas que utilizam materiais compósitos de elevado desempenho que substituem frequentemente as estruturas metálicas, abrindo novos horizontes para a investigação sobre a utilização deste tipo de compósitos. No entanto, estes novos horizontes são sinónimos de novos problemas, que na maioria das vezes levam os projectistas a encontrar soluções para integrar nos materiais compósitos novas funções que inicialmente se limitavam à resistência mecânica.

I - 1- Grafite

A grafite é um sólido preto com uma estrutura hexagonal, como se mostra na Figura 1. Os planos, conhecidos como planos de grafeno, estão empilhados num modo ABAB, com uma distância entre planos de 3,35 Å. Estes planos interagem uns com os outros apenas através de forças atractivas de van der Waals. Como estas forças são relativamente fracas, os planos de grafeno podem deslizar uns sobre os outros. Dentro de um plano, o comprimento da ligação C-C é de 1,415 Å.

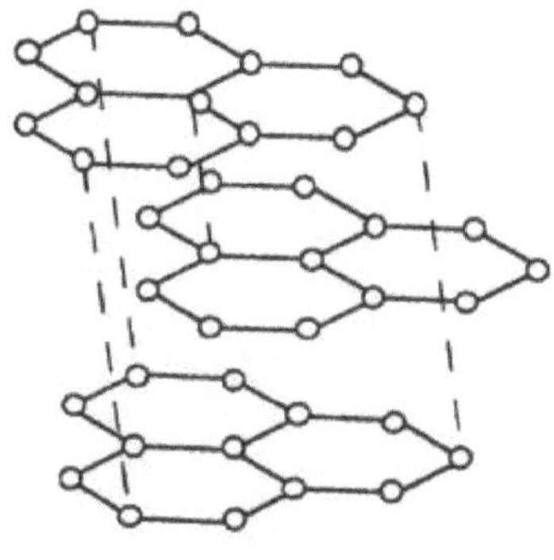

Figura 1: *Estrutura da grafite.*

A grafite pode ser natural ou sintetizada. A grafite sintética é produzida a partir de precursores orgânicos. O precursor é primeiro sujeito a um processo de carbonização, que consiste no aquecimento gradual numa atmosfera inerte até atingir temperaturas de quase 1300°C. Nesta fase, permanecem o carbono amorfo e a grafite policristalina. Um tratamento térmico a 2.500°C permite então uma
grafitização deste carbono para produzir grafite.

A grafite é um bom condutor. Todos os carbonos estão hibridizados em sp^2, permitindo a deslocalização dos electrões π e a condução eléctrica dentro de um plano. Embora não exista um hiato na sua estrutura de bandas (a banda de condução sobrepõe-se à banda de valência. de 36 mev), [01] a grafite não conduz tão bem como os metais devido à sua baixa densidade de portadores de carga. [É, portanto, um condutor não metálico, por vezes também designado por semi-metal.

A grafite também pode existir em simetria romboédrica (empilhamento ABCABC). Esta forma de grafite é instável em comparação com a grafite hexagonal, que pode produzir após tratamento térmico a 1300°C. Nunca ocorre isoladamente, mas coexiste com a forma hexagonal tanto na grafite natural como na sintética.

I - 2- Diamantes

O diamante é a forma alotrópica que contém apenas carbonos sp^3. É constituído por átomos ligados como se mostra na Figura 2. As ligações C-C têm 1,514 Å de comprimento. O diamante é termodinamicamente instável em comparação com a grafite (a diferença de entalpia livre é de 2,88 $kJ.mol^{-1}$), mas a transformação do diamante em grafite é extremamente lenta em condições normais. Existem três tipos principais de diamante: natural, sintético e CVD.

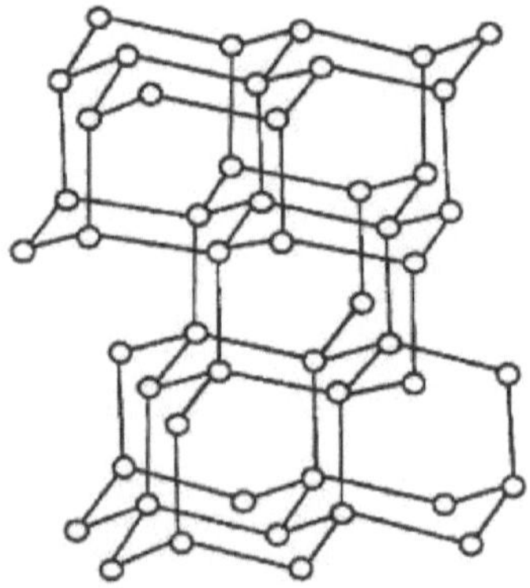

Figura 2: *Estrutura do diamante.*

Tal como a grafite, o diamante tem também uma outra forma cristalina metaestável: uma forma hexagonal conhecida como lonsdaleite. É de notar que o diamante é muito mais denso do que a grafite (3,51 contra 2,22).

O diamante é o material mais duro e tem encontrado inúmeras aplicações como abrasivo de alto desempenho. Tem a maior condutividade térmica conhecida de qualquer sólido à temperatura ambiente. É um excelente semicondutor quando a sua rede é dopada com pequenas quantidades de lítio, boro, azoto ou fósforo, e tem um elevado índice de refração, transmitindo luz desde o infravermelho distante até ao ultravioleta.

I - 3 - Fulerenos

Consideremos a grafite, a fase termodinamicamente estável do carbono: cada um dos seus planos de grafeno tem um número muito grande, digamos infinito, de átomos de carbono. Se este número de átomos for muito reduzido, o número de ligações pendentes nas extremidades de um plano de grafeno torna-se elevado: a estrutura deve então "fechar-se" sobre si própria. Se o número de átomos de carbono for inferior a algumas centenas, as estruturas estáveis são fechadas: são os fulerenos, com a fórmula empírica C_{2n}. Como consequência direta do teorema de Euler, podemos calcular que são necessários 12 pentágonos para obter a curvatura que permite que a estrutura se feche sobre si mesma. [03]

C_{60} om 12 pentágonos e 20 hexágonos, formamos o famoso fulereno C, ou fulereno de Buckminster, assim chamado em homenagem a Buckminster Fuller (arquiteto que concebeu as cúpulas geodésicas, estruturas espaciais que oferecem um grande volume para uma resistência e leveza inigualáveis). Este fulereno é mostrado na Figura 3 com os seus dois tipos de ligações C-C: as comuns a dois hexágonos são chamadas ligações 6-6, as comuns a um hexágono e a um pentágono são chamadas ligações 5-6. Devido à deslocalização eletrónica dos electrões π, os carbonos são todos quimicamente equivalentes: um espetro de RMN^{13} de C_{60} em solução tem apenas um pico.

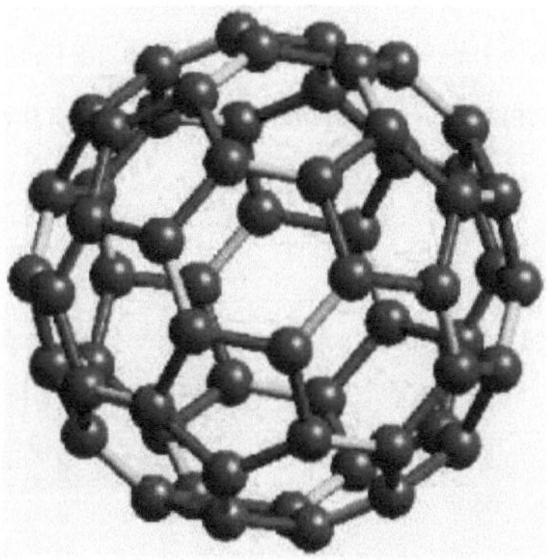

Figura 3: *Estrutura do C_{60}. As ligações C-C comuns a um hexágono e a um pentágono estão representadas a vermelho, as ligações comuns a dois hexágonos estão representadas a amarelo.* [04]

II - NANOTUBOS DE CARBONO

II - 1 - Formas alotrópicas do carbono

A ciência pensava ter chegado ao fim das possibilidades texturais e estruturais do carbono, mas isso era menosprezar a inventividade da Natureza. Depois do diamante e da grafite (Figura 1), uma nova variedade de carbono puro, os fulerenos, cujo empilhamento compacto constitui uma nova forma alotrópica do carbono, foi sintetizada em 1985 por Kroto et al [05]. Esta espécie apresenta-se sob a forma de uma estrutura fechada de 60 carbonos (C60) que faz lembrar uma bola de futebol (figura 4).

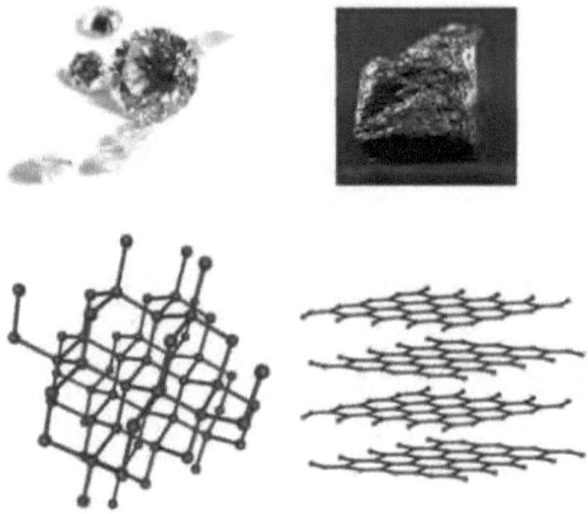

Figura 4: *Representação esquemática do diamante (esquerda) e da grafite (direita)* [06].

Estes tubos têm uma parede composta por certas camadas de grafeno numa disposição concêntrica, espaçadas a uma distância de 3,4 Å (Figura 5). Os átomos de carbono dentro de uma parede são hibridizados em sp^2. Os "filamentos de carbono" tubulares e multicamadas já tinham sido observados por TEM em 1958 [07], mas a resolução do aparelho não permitia determinar a disposição dos grafenos em relação ao eixo de alongamento. Com o aumento estável da determinação por TEM [08].

A comunidade científica ficou chocada com a descoberta dos primeiros nanotubos de carbono de parede simples [09, 10], formados espontaneamente durante a síntese de arco elétrico em 1993.

Os SWCNTs (nanotubos de carbono de parede simples) são constituídos por um único nanotubo (figura 5) e reúnem-se espontaneamente sob a forma de feixes [11, 12]. A distância entre dois nanotubos, regida pelas interações de Van der Waals, é de 3,15 Å [13]. Uma outra forma de carbono nanoestruturado, designada por nanohorns de carbono (CNH), foi também sintetizada por Iijima em 1999 (Figura 6) e tem propriedades semelhantes às dos nanotubos de carbono.

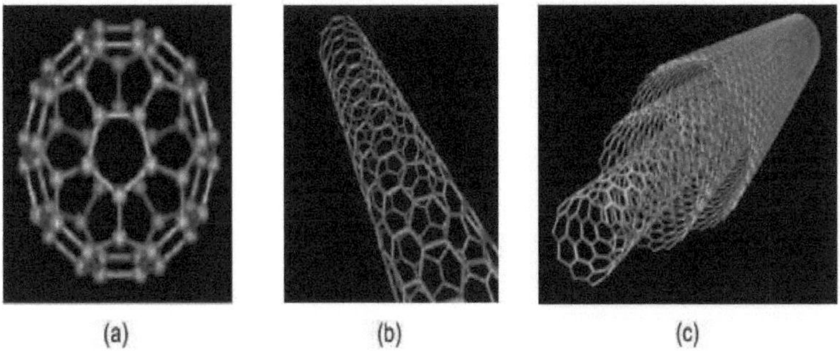

Figura 5: *Modelo de estrutura de um* C_{60} *(a), nanotubo de carbono de parede simples (b) e nanotubo de carbono de parede múltipla (com três camadas) (c)* [14].

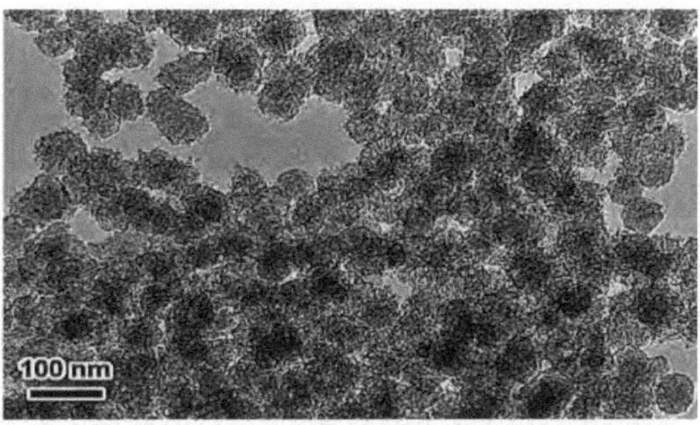

Figura 6: *Imagem TEM do nanocorneto de carbono.*

Desde então, foram desenvolvidos numerosos métodos para sintetizar estas variedades alotrópicas de carbono. O interesse pelos nanotubos de carbono SWCNT e MWCNT (multiwall carbon nanotube) tem crescido frequentemente e foi publicada uma vasta gama de investigação sobre as suas propriedades, estrutura e várias aplicações potenciais.

II - 2 - **Estrutura** geométrica

Os nanotubos de carbono têm uma forma cilíndrica e, consoante o caso, as extremidades podem ou não ser fechadas por meias-esferas. O seu diâmetro varia entre 1,4 nm e vários nanómetros e o seu comprimento é da ordem dos 100 μm (este comprimento pode atingir 1 mm). A estrutura final do nanotubo de carbono é formada por arranjos de grafeno dispostos em camadas concêntricas e depende da direção em que o grafeno é enrolado. O par de números inteiros (n, m), conhecido como índice de Hamada [45], é definido como as coordenadas do vetor (Figura 7):

$$\vec{C}_h = n\,\vec{a}_1 + m\,\vec{a}_2$$

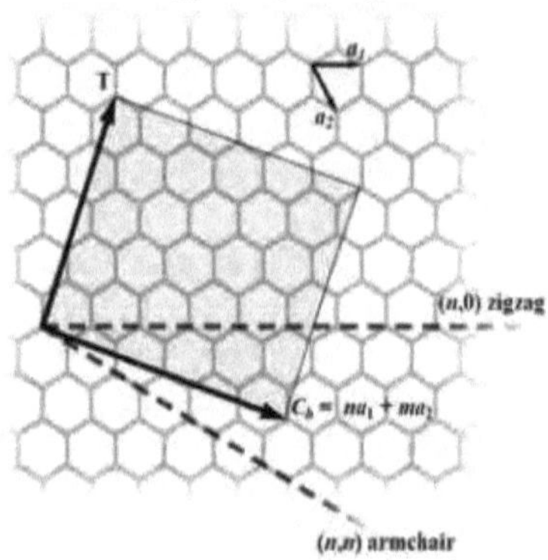

Figura 7: *Representação da construção de um nanotubo a partir de uma folha de grafeno* [15].

Dependendo da forma como o retângulo se dobra, o valor do par (n, m) muda e o nanotubo indica uma geometria diferente. No caso em que n = m a geometria é designada por "armchair", no caso (n, 0) ou (0, m) uma geometria em ziguezague e em todos os outros casos uma geometria do tipo quiral (figura 8).

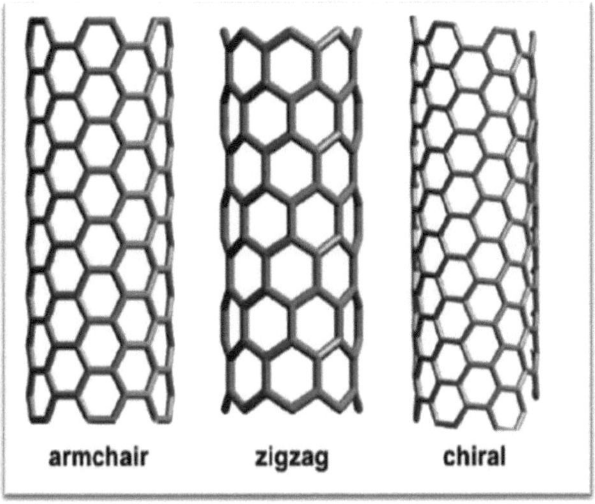

Figura 8: *Estrutura de um nanotubo de carbono monocamada em função da sua simetria.*

Os CNT não apresentam uma estrutura completa e existem erros na rede de grafeno que constitui uma parede [16, 17]. Os defeitos mais comuns são os defeitos atómicos simples e os defeitos de Stone-Wales (SW).

Um defeito atómico ideal (átomo vago) numa estrutura em cadeira de braços (n, n) é mostrado na Figura 9.

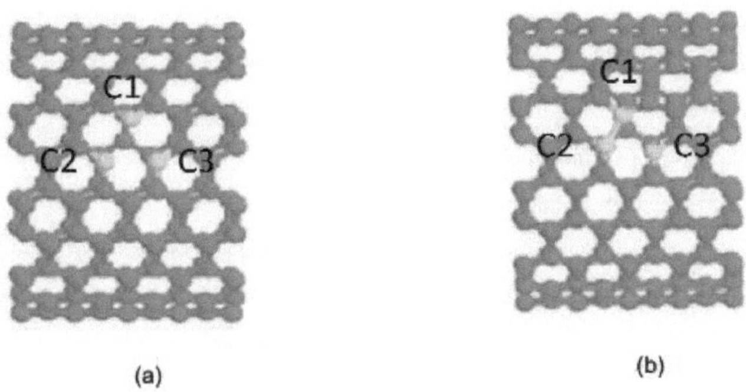

Figura 9: *Configuração de um defeito atómico ideal numa estrutura (n, n): (a) sem defeito e (b) com um átomo vago entre os três átomos C1, C2 e C3* [18].

Um defeito SW pode ser gerado pela rotação de uma ligação C-C em π /2 da sua posição inicial, formando também dois pentágonos e dois heptágonos numa estrutura local. No caso de uma estrutura do tipo (n, n), a rotação leva a duas formas modificadas de CNT (Figura 10).

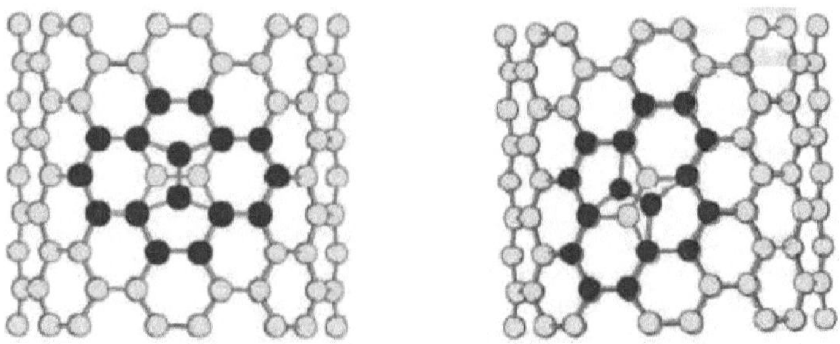

Figura 10: *Configuração dos defaults de SW numa estrutura (n, n).*

Os defeitos atómicos simples são mais reactivos e interagem mais facilmente com diferentes tipos de moléculas, enquanto os defeitos SW são mais constantes [19]. A presença destes defeitos influencia as propriedades físicas e químicas dos CNTs [20, 21] e é o início da deformação plástica do nanotubo de carbono.

II - 3 - Resumo

Os CNT podem ser classificados em duas categorias, consoante o estado da fonte de carbono. A primeira técnica baseia-se na sublimação do carbono (grafite), sendo a produção de CNT por arco elétrico [22] e por ablação laser [23] dois exemplos. A fonte de carbono pode ser um gás (por exemplo, C_2H_2, CH_4 ...). Esta é a base da segunda técnica de síntese de CNT. A mais difundida é a deposição química de vapor (CVD). Encontram-se na literatura exemplos de produção de CNT utilizando várias fontes de carbono e várias condições de síntese [24]. A Tabela 1 resume as técnicas acima mencionadas.

A fonte de carbono sem catalisador é utilizada para produzir nanotubos de paredes múltiplas (MWCNT), enquanto a utilização de partículas com 1 a 3 nm de diâmetro permite a síntese de CNTs de paredes simples (SWCNT), duplas (DWCNT) ou triplas (TWCNT).

Foram propostas outras técnicas de síntese de CNT, como a utilização de fornos solares ou a síntese de CNT a baixa temperatura. Atualmente, o processo de síntese CVD parece ser o mais utilizado para a produção industrial de CNTs comercializados em grandes quantidades.

Método	Arco elétrico	Ablação por laser	DCV
Descrição	Um arco elétrico gerado entre dois eléctrodos de grafite na presença de um gás inerte. O ânodo sublima-se e forma um plasma. O crescimento dos CNTs tem lugar no cátodo.	Um alvo de grafite é sublimado por um laser e o carbono vaporizado é arrastado por uma corrente de gás inerte. Os CNTs são formados num coletor.	Os CNT são produzidos através da decomposição de gás carbónico num forno a temperaturas de cerca de 1200°C.
Desempenho	<75%	<75%	>75%
NTC de parede simples ou múltipla	Parede simples e múltipla	Parede simples e múltipla	Parede simples e múltipla
Vantagem	Simples, de baixo custo	Pureza relativamente elevada Método bem controlado.	Método simples, preço baixo, temperatura Relativamente baixo. Possibilidade de crescimento de CNTs alinhados. Produção de grande volume
Desvantagem	Método adequado para a produção de pequenas quantidades de quantidades de CNT. As temperaturas geradas são muito elevadas e podem atingir 6000°C	Método adaptado para a produção de pequenas quantidades de CNT.	Os parâmetros devem ser ajustados com precisão para a síntese de SWCNTs ou DWCNTs.

Tabela 1*: Aspectos essenciais das técnicas de síntese de CNT* [25].

II - 4 - Propriedades dos CNT

As condições de produção e as diferentes técnicas de produção de CNT, bem como as diferentes formas de CNT, implicam propriedades muito variadas dos CNT. As propriedades de duas fontes individuais de CNT (SWCNT ou MWCNT) são apresentadas na Tabela 2.

Imóveis	SWCNT	MWCT
Densidade (teórica)	0,8g/cm^3	1,8g/cm^3
Módulo de Young (teórico e experimental)	1,3 ± 0,3TPa	1,28 ±0,6T Pa
Condutividade eléctrica (experimental)	5.10^3à5.10^5S/m	
Área de superfície específica (estimada)	1200 g/m^2	300 g/m^2

Tabela 2: *Lista de algumas propriedades físicas de nanotubos de carbono individuais* [26].

Uma vez produzidos, os CNT necessitam de ser purificados ou lavados [27]. Os CNT existem frequentemente sob a forma de aglomerados mais ou menos densos (consoante a técnica de síntese e de purificação).

II - 5 - Aplicações dos nanotubos de carbono

Os CNT podem ser utilizados principalmente para o reforço mecânico e a dissipação eletrostática de materiais. Os CNT são utilizados como aditivos em materiais para melhorar as propriedades iniciais das matrizes em que são introduzidos. Apresentam-se de seguida alguns exemplos não exaustivos de aplicações.

II - 5 - 1 - Reforço mecânico

Os CNT podem ser introduzidos em matrizes epoxídicas; as fibras têxteis revestidas com uma matriz epoxídica reforçada com 0,3 wt.% de CNT apresentam uma melhoria visível da resistência em comparação com um revestimento epoxídico puro [28].

II - 5 - 2 - Dissipação eletrostática dos materiais

Os nanotubos são utilizados em pequenas quantidades em matrizes poliméricas termoplásticas [29-30], termoendurecíveis [31] ou elastoméricas [32]. A incorporação de CNT torna a matriz mais eficiente e menos sensível à eletricidade estática.

II - 5 - 3 - Dissipação eletrostática para materiais Aditivos energéticos

Os CNT podem ser utilizados, por exemplo, para criar papel condutor para dispositivos de armazenamento de energia [33]. A elevada elasticidade e a forma alongada dos

CNT permitem a sua utilização como pontas de microscópio AFM (Figura 11).

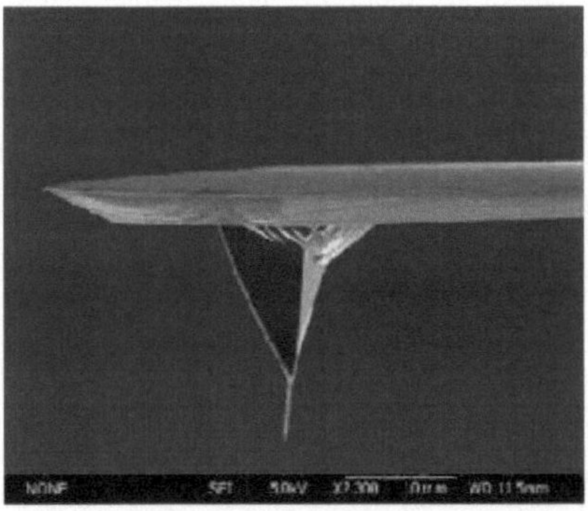

Figura 11: *Imagem SEM de uma ponta convencional em forma de pirâmide à qual foi colado um feixe de 5 a 10 nanotubos multicamada* [34].

II - 5 - 4 - Em medicina

Os CNT podem ser utilizados para a administração de medicamentos [35-36], graças a funcionalidades que os podem tornar biocompatíveis.

Os CNT estão já presentes no mercado industrial, principalmente sob a forma de "masterbatches". Podem ser utilizados em certos equipamentos desportivos, como raquetes de ténis, quadros de bicicletas e em protótipos de ecrãs planos.

III - MÉTODOS DE PURIFICAÇÃO DE NTC

Os CNT contêm várias impurezas, nomeadamente formas carbonadas (carbono amorfo, fibras de carbono, fulerenos, etc.) e resíduos de catalisadores metálicos. Quanto mais pequeno for o diâmetro dos CNT produzidos, maior será o nível de impurezas [37]. Os métodos de purificação dos CNT podem ser classificados em três categorias: métodos químicos, métodos físicos e uma combinação dos dois.

III -1 - Métodos de purificação química

As formas de carbono normalmente contidas nos CNT oxidam mais facilmente do que os próprios CNT, nomeadamente o carbono amorfo e o fulereno. Este facto deve-se à presença de ligações pendentes e de defeitos nas suas estruturas. Utilizando o princípio da oxidação selectiva, foram desenvolvidas várias técnicas de oxidação: oxidação em fase vapor, oxidação em fase líquida e oxidação eletroquímica.

III -2 - Métodos de purificação física

Os métodos de purificação física têm a vantagem de preservar a estrutura intrínseca dos CNT. Foram utilizadas várias técnicas, como a filtração e a centrifugação, e a separação por filtração baseia-se na diferença de aspeto, forma e solubilidade entre os CNT, os carbonos amorfos, os fulerenos e as partículas metálicas. As partículas pequenas e solúveis são recuperadas no filtrado, enquanto os CNT (com uma forma grande) permanecem no resíduo. Por exemplo, Bonard et al [38] e Shelimov et al [39] utilizaram a técnica de filtração para purificar MWCNT e SWCNT, respetivamente. Para o efeito, começaram por dispersar os CNT numa solução na presença de SDS por sonicação. Uma vez dispersos os CNT, efectuaram filtrações sucessivas para obter purezas de 90%.

A centrifugação baseia-se no efeito da gravidade sobre as partículas e na sua estabilidade em solução. Esta diferença de estabilidade está relacionada com as cargas negativas presentes nos CNT previamente tratados com um ácido, como demonstrado anteriormente por Hu et al [40].

O problema dos métodos físicos é a dispersão prévia dos CNT em solução, o que exige a adição de um agente dispersante ou um tratamento ácido para funcionalizar os CNT antes da purificação.

III -3 - Depuração em várias fases

Como indicado nos parágrafos anteriores, uma única técnica não pode remover todas as impurezas. Por conseguinte, são frequentemente combinadas várias técnicas químicas e físicas para obter CNT puros com elevado rendimento.

Bandow et al [41] purificaram os SWCNT combinando a microfiltração [42] com a oxidação em fase gasosa (no ar). A microfiltração remove as partículas solúveis e os fulerenos, seguida de um tratamento a 450°C no ar para remover as partículas metálicas. Os CNTs obtidos são mais de 90% puros.

Wang et al. [43] desenvolveram um método em três etapas para purificar, cortar e dispersar SWCNT sintetizados por CCVD: (1) tratamento ácido (2,6 M HNO_3 em refluxo durante 24 horas) para remover partículas metálicas, (2) ultra-sons numa solução ácida (HNO_3/H_2SO_4, H_2O_2/H_2SO_4) para cortar e envernizar os SWCNTs (3) tratamento a alta temperatura (1000°C) sob NH_3 para remover impurezas de carbono.

A chave para a purificação em várias fases é saber como escolher as técnicas corretas para a aplicação final desejada.

IV - DISPERSÃO DOS NANOTUBOS DE CARBONO

Os CNT precisam de ser dispersos para poderem tirar partido das suas propriedades em diversas aplicações. Formam espontaneamente feixes (Figura 12) por interações de Van der Waals, que podem ter várias microns de tamanho. Para separar estes feixes, é frequentemente necessário modificar a superfície dos CNT.

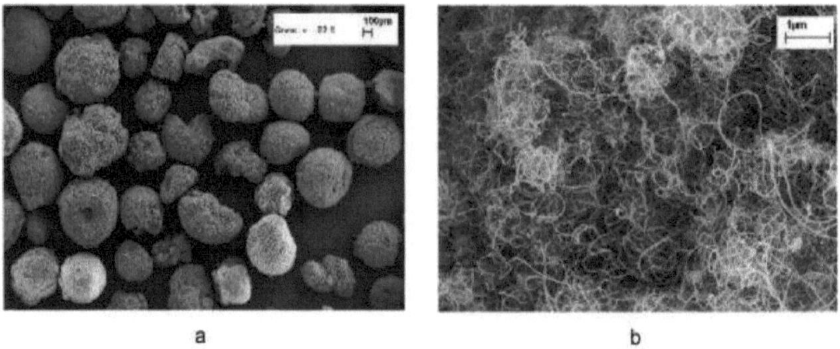

Figura 12: *Imagens SEM de feixes de CNT: (a) imagem de baixa ampliação (b) zoom num dos feixes* [44].

Existem duas abordagens principais para modificar as superfícies dos CNT. A primeira envolve o enxerto químico (através de ligações covalentes) de grupos funcionais na superfície dos CNT, conferindo-lhes maior afinidade com o solvente. A segunda envolve ligações não covalentes entre os CNT e as moléculas [45, 46].

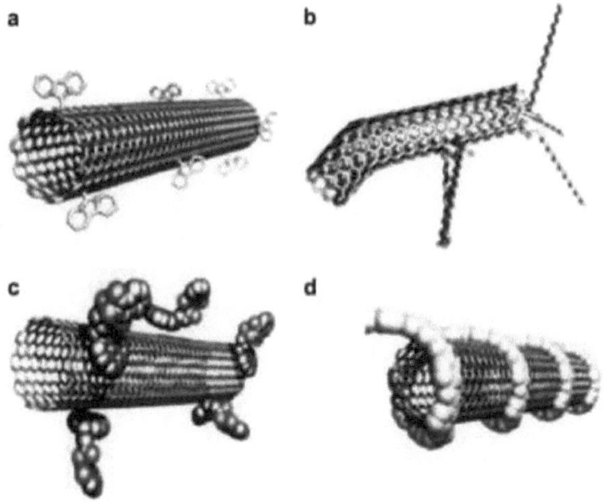

Figura 13: *Representação esquemática de nanotubos de carbono funcionalizados através de diferentes métodos: (a e b) métodos de funcionalização química, (c e d) método de revestimento físico-químico com (c) adsorção de tensão ativa e (d) "envolvimento" de polímero* [47].

IV - 1 - Métodos covalentes

Os nanotubos de carbono podem ser purificados e funcionalizados através de tratamentos ácidos. Na sequência destes tratamentos, surgem grupos funcionais (ácido, carboxilo, álcool, etc.) nas superfícies dos CNT (Figura 14), permitindo a subsequente formação de ligações covalentes com moléculas reactivas ou polímeros funcionais [48].

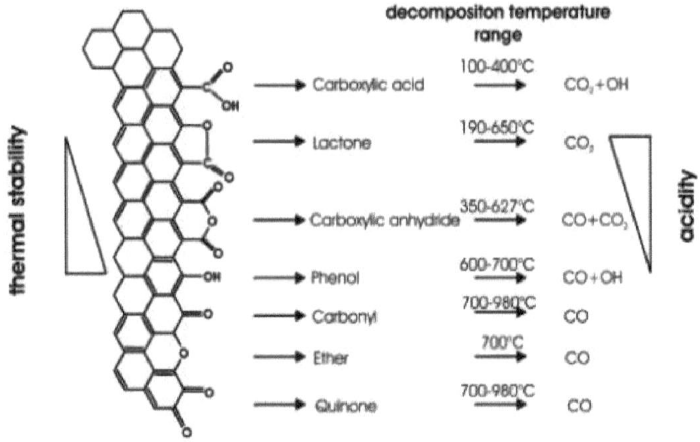

Figura 14: *Diferentes grupos funcionais oxigenados criados na superfície dos CNT* [49].

Existem dois métodos de enxertia: a enxertia de e a enxertia de.

IV - 1 - 1- A <u>abordagem "enxertar para</u>

Nesta abordagem, os polímeros com funções activas serão reactivados com os grupos funcionais presentes na superfície dos CNT. Normalmente, estas funções são funções carboxilo e são activadas por tratamento com cloreto de tionilo [50] :

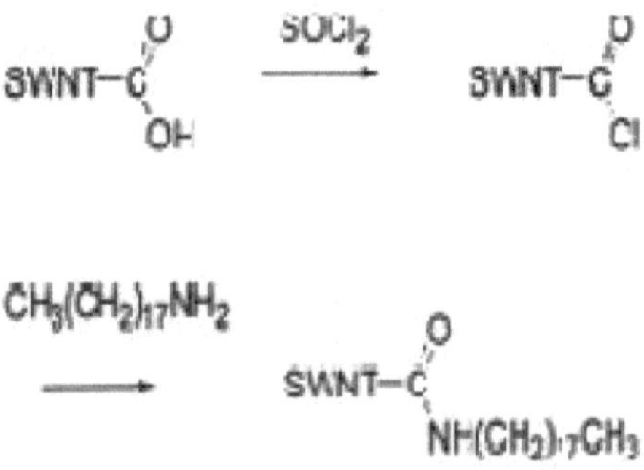

Os CNT modificados podem assim ser ligados covalentemente com PPE-EI [51],

PVOH [52] (figura 15), POE por uma reação de amidação da função amina terminal [53], glucosamina [54] pela formação de uma ligação amida entre o polímero e os CNT funcionalizados, e muitos outros polímeros.

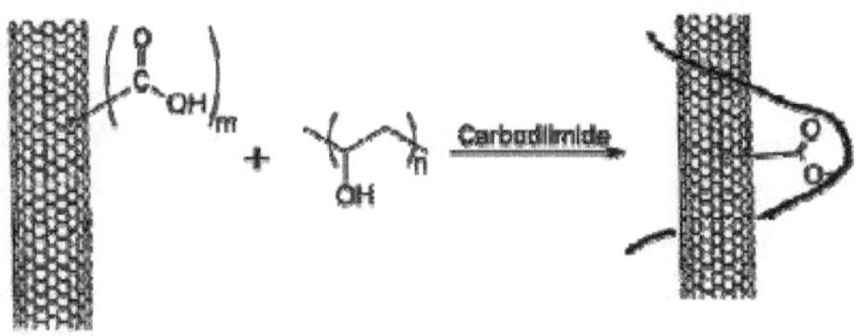

Figura 15: *Reação de esterificação entre a função carboxilo presente na superfície do CNT e o polímero para produzir um CNT funcionalizado* [55].

IV - 1 - 2 - A abordagem "enxertar de

A abordagem "grafting from" significa que a polimerização tem lugar no grupo funcional presente na superfície do CNT. Este método pode ser utilizado para fabricar CNT funcionalizados, controlando simultaneamente a espessura da camada funcional.

As polimerizações mais frequentemente utilizadas são a polimerização radicalar por transferência de átomos (ATRP) [56, 57] e a RAFT [58, 59]. Yan et al [60, 61] sintetizaram sistemas MWCNT-PMMA e MWCNT-PS por ATRP utilizando o procedimento por etapas mostrado na Figura 16.

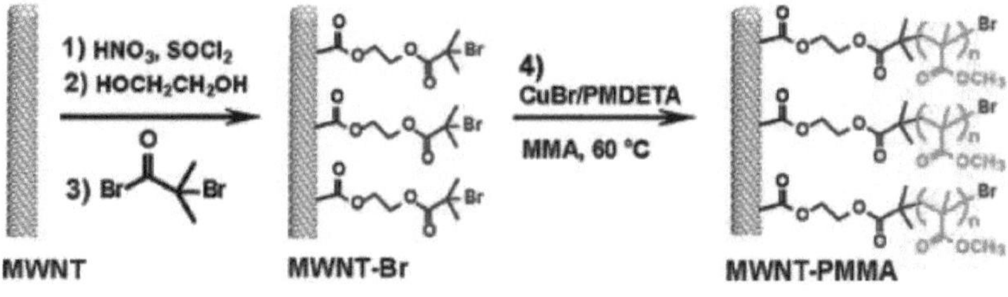

Figura 16: *Funcionalização de MWCNT por ATRP na superfície* [62].

A funcionalização por ligação covalente melhora a dispersão dos CNT em solução e, nalguns casos, reforça a matriz polimérica [63, 64]. No entanto, os métodos covalentes têm várias desvantagens. Em primeiro lugar, o processo de enxerto é bastante fastidioso e requer um tempo de reação total bastante longo (até 70 horas). Além disso, a funcionalização covalente introduz modificações na superfície dos CNT, que podem afetar as suas propriedades mecânicas e, sobretudo, eléctricas [65-66].

IV - 2 - Métodos físico-químicos

A abordagem de funcionalização físico-química baseia-se nas interações não covalentes que podem ser estabelecidas entre os CNT e as moléculas. Em particular, estas ligações são do tipo Van der Waals e п-п [67]. Esta abordagem tem a vantagem de não danificar a estrutura dos CNT e de preservar as suas propriedades. O problema com este método é que as ligações entre os CNT e as moléculas podem ser fracas.

Os investigadores distinguem entre o fenómeno de adsorção [73, 74] e o fenómeno de "enrolamento" de moléculas em torno dos CNT [68-72]. O "envolvimento" pode ser utilizado no caso de polímeros em torno dos CNT, enquanto a adsorção se refere a tensioactivos ou pequenas moléculas que revestem os CNT [75]. Ao longo deste artigo, para facilitar a compreensão, a adsorção e o envolvimento serão considerados equivalentes.

IV - 2 - 1- Tensioactivos

O tensioativo mais frequentemente utilizado para dispersar os CNT em solução aquosa é o SDS. O estado da dispersão varia com a concentração do tensioativo [106]. A baixas concentrações de SDS, o sistema aglomera-se (figura 19 A, triângulos na fase B), e a quantidade de SDS não é suficientemente elevada para cobrir a superfície dos CNT e impedir a sua interação entre si. Ao aumentar ligeiramente a quantidade de SDS, os CNT são dispersos de forma homogénea (Figura 17 A, círculos da fase C), o que pode ser observado por microscopia ótica (Figura 17 C). No entanto, a concentrações mais elevadas de SDS, surgem interações de depleção: as micelas de SDS, cada vez mais numerosas, deixam de ter espaço para se intercalarem entre os CNT já cobertos de tensioativo, o que favorece as interações de atração entre os CNT.

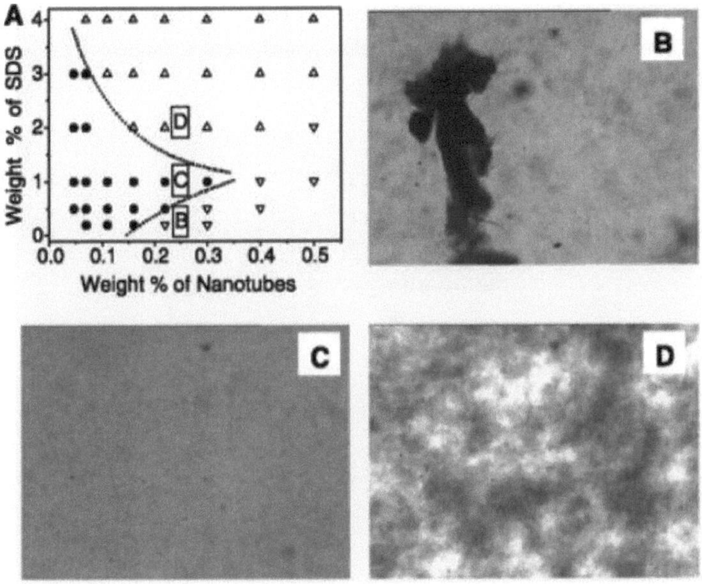

Figura 17: *(A) Diagrama de fases mostrando a dispersão dos CNT em função da concentração de SDS; os triângulos correspondem a um estado agregado e os círculos a um estado disperso. (B-D) Imagens de microscopia ótica de diferentes dispersões de CNT em solução (a dimensão horizontal é de 300 μm)* [76].

IV - 2 - 2- Homopolímeros

Foi utilizada uma grande variedade de polímeros para dispersar os CNT, quer em solução aquosa quer na presença de um solvente orgânico. Smalley et al [99] conseguiram dispersões reversíveis de CNT em água utilizando polímeros lineares de polivinilpirrolidona (PVP) ou sulfato de poliestireno (PSS). Demonstraram que a ligação entre o polímero e os CNT é robusta, não depende da presença de polímero em excesso na solução e que o revestimento é uniforme ao longo do comprimento dos tubos.

Outros polímeros em solução aquosa permitiram também a dispersão homogénea dos CNT, principalmente o polimetafenileno vinileno (PmPv) [77] e os polissacáridos naturais, mais especificamente a goma arábica [78].

Yuan et al. [78] conseguiram sintetizar, a partir de 4-[3-(1 Pirenil) propilcarboniloxi]-1-butino (PyB) e 4-ferrocenilcarboniloxi-1-butino (FcB), os polímeros correspondentes PPyB e PFcB com uma massa molar bastante elevada (até 33300 g/mol), utilizando um complexo zwitteriónico de ródio Rh+(nbd)[$C_6H_5B^-(C_6H_5)_3$]. Estes polímeros permitem uma dispersão de boa qualidade dos CNT em vários solventes orgânicos comuns, graças às interações electrónicas entre os núcleos aromáticos dos polímeros e a superfície dos CNT (Figura 18).

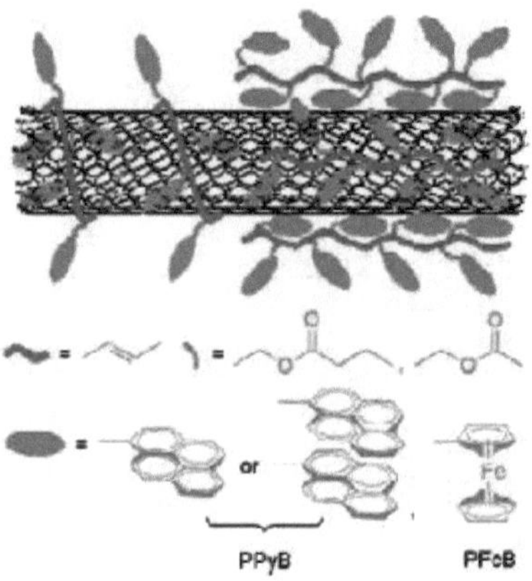

Figura 18: *Ilustração mostrando as interações entre os núcleos aromáticos dos polímeros (PPyB e PFcB) e a superfície dos CNT* [79].

A utilização de uma polimaleimida (MIP) não só permite a dispersão homogénea dos CNT em diferentes solventes orgânicos, como também melhora as propriedades físicas dos compósitos PPS/NTC-MIP em comparação com as dos compósitos PPS/NTC [80].

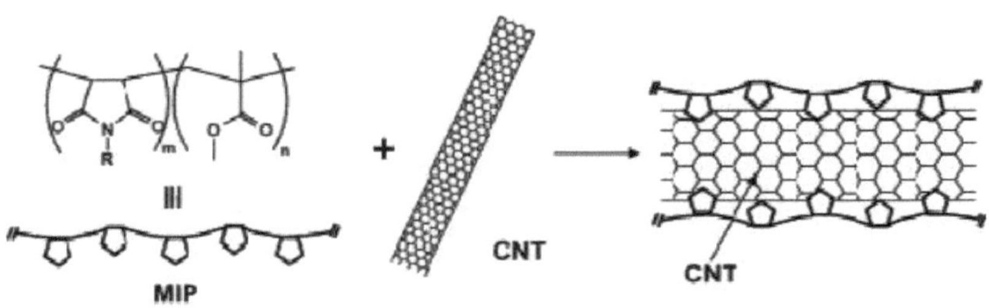

Figura 19: *Ilustração mostrando a adsorção do polímero MIP na superfície dos CNT* [80].

IV - 2 - 3- Péptidos e moléculas de ADN

Os nanotubos de carbono funcionalizados com moléculas biológicas têm um grande potencial para aplicações em biotecnologia.

Dieckmann et al [81] utilizaram péptidos anfifílicos α-helicoidais sintéticos para revestir CNT (Figura 20). Estes sistemas podem ser utilizados em circuitos electrónicos e em aplicações de deteção molecular. Kim et al [82] também utilizaram péptidos, especificamente amilose. Conseguiram encapsular os CNT com amilose numa solução aquosa contendo 10 a 20% de DMSO.

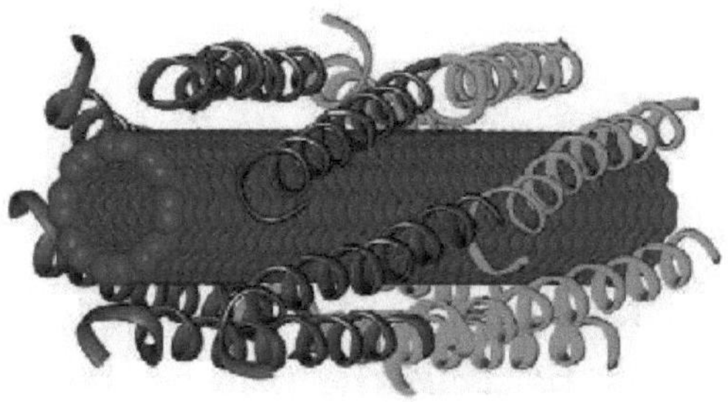

Figura 20: *SWCNT revestidos com péptidos anfifílicos* [82].

Zheng et al [83, 84] foram dos primeiros a estudar a dispersão de CNT em solução aquosa utilizando moléculas de ADN. Mostraram que a dispersão dos CNT por uma cadeia de ADN depende das sequências de ADN que estão em contacto com os CNT.

IV - 2 - 4 - Copolímeros em bloco

Os copolímeros em bloco estão entre os estabilizadores estéricos mais eficazes. São compostos por duas entidades quimicamente distintas e frequentemente incompatíveis (designadas A-B e A-B-A para os di-blocos e tri-blocos, respetivamente) que estão ligadas covalentemente [85].

Os copolímeros em bloco são cada vez mais utilizados para revestir os CNT e estabilizá-los em solução. Um cenário típico para a estabilização estérica utilizando copolímeros em bloco baseia-se na dupla ação do polímero: enquanto um dos blocos (B) da cadeia se adsorve à superfície dos CNT, o outro bloco (A) expande-se e repele os outros CNT decorados com polímero. É bem conhecido no domínio da ciência dos colóides que o parâmetro determinante da dispersibilidade dos copolímeros em bloco se baseia na seletividade do solvente: um solvente seletivo que actua como um "bom solvente" para um dos blocos (por exemplo, o bloco A) dissolve facilmente o polímero e aumenta as dimensões espaciais da cadeia polimérica, ao mesmo tempo que actua como um "mau solvente" para o outro bloco (B) que se adsorve à superfície dos CNT.

Uma vez que os CNT são hidrofóbicos, os copolímeros em bloco anfifílicos em solução aquosa são um dos sistemas mais interessantes.

IV - 2 - 5 - Em solventes orgânicos

Zou et al [86] conseguiram dispersar os CNT em clorofórmio utilizando polímeros conjugados P_3Polímeros conjugados HT-PS (34-65 wt%). Os autores demonstraram que o bloco P_3demonstraram que o bloco HT entra em contacto com os CNT por interações π-π, enquanto o bloco PS permite a estabilidade em solução. Em seguida, utilizaram estas dispersões para produzir compósitos de PS.

Um resultado semelhante foi obtido com copolímeros tri-bloco de óxido de polietileno-(hexa-p-fenileno)-óxido de polietileno [87].

Shvartzman-Cohen et al [88] mostraram que a natureza do solvente em que os CNT são colocados na presença de copolímeros em bloco influencia a dispersão. Na presença de um bom solvente para ambos os blocos, a dispersão não ocorrerá (Figura 21, solução F).

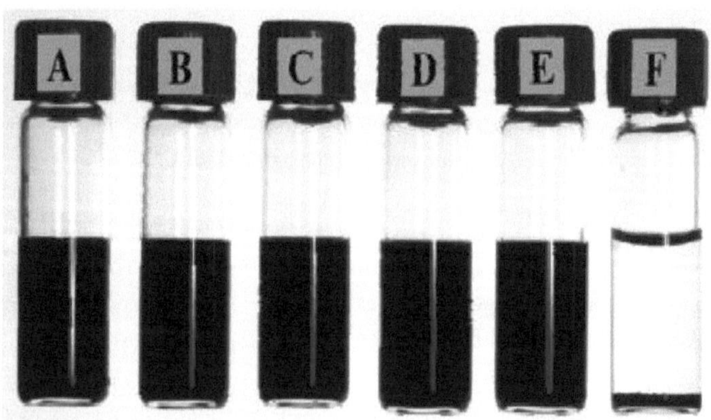

Figura 21: *Dispersões de SWNT em solução na presença de copolímeros em bloco: 1 % em peso de SWNT numa solução de 1 % em peso de PS-tbuAC (A) em etanol e (B) em 2-propanol. (C) 1 % em peso de POE-PDMS-PEO em heptano, (D) 1 % em peso de POE-PPO-POE (F-88) em água, (E) 1 % em peso de PPO-POE (PE10, 500) em água e (F) 1 % em peso de POE-PDMS-POE em tolueno. Imagens tiradas dois meses após a preparação* [88].

Sluzarenko et al [89] desenvolveram um método flexível para a dispersão e estabilização de nanotubos utilizando copolímeros em bloco de poliestireno e poliisopreno em diferentes solventes orgânicos. Foram obtidas dispersões estáveis em solventes polares (DMF) e apolares (heptano), dependendo da seletividade dos copolímeros em bloco. Mostraram que a interação direta entre os nanotubos e os diferentes blocos não é o parâmetro mais importante para a estabilização. O fator mais importante parece ser a seletividade do solvente em relação ao copolímero em bloco e a proporção de copolímero em bloco. A melhor estabilização foi obtida quando o solvente era bom para o bloco maior.

IV - 2 - 6 - Em solução aquosa

Agarwal et al [90] obtiveram boas dispersões de SWNT em água utilizando copolímeros em bloco PS-POE (poliestireno-polietileno-óxido) e PMMA-POE (polimetilmetacrilato-polietileno-óxido). Utilizaram copolímeros com baixas massas molares (1000 e 3000 g/mol, respetivamente). No entanto, não foi possível dispersar os SWNTs com estes dois copolímeros em tolueno (sendo o tolueno um bom solvente para as partes hidrofóbicas de PS e PMMA). Isto mostra que a solubilização dos SWNTs em água é possível devido às associações físicas entre os blocos hidrofóbicos e os CNTs, enquanto o bloco hidrofílico se expande em solução, permitindo assim uma boa dispersão dos SWNTs por estabilização estérica. O mesmo grupo também demonstrou o efeito do modo e do tempo de sonicação no comprimento e no diâmetro dos SWNTs, monitorizando as alterações na viscosidade das dispersões.

Ho Jo et al [91] sintetizaram e utilizaram copolímeros de oligotiofeno polietilenoglicol (TN-PEG) com dois comprimentos de oligotiofeno (3TN-PEG e 5 TN-PEG) para dispersão de CNT em meios aquosos. Foi observada uma adsorção significativa do bloco de tiofeno através de interações л- л. A dispersão dos CNT foi melhor com cadeias longas de tiofeno e a condutividade eléctrica das películas de TN-PEG/NTC foi maior do que a obtida com polímeros não condutores, tais como copolímeros tri-bloco de óxido de polietileno e óxido de polipropileno (pluronic F127).

Kim et al [92] conseguiram encapsular SWNTs numa solução aquosa utilizando um copolímero em bloco anfifílico PEtOz-PCL, formado por uma parte hidrofílica de poli (2-etil-2-oxazolina) e uma parte hidrofóbica de policaprolactona. O complexo PEtOz-PCL/SWNT dispersa-se bem em água, com a parte PCL adsorvida nos SWNTs e a parte PEtOz em solução na água.

No âmbito da preparação de um polielectrólito CNT/nanohíbrido com um bloco anfifílico, para utilização na síntese de nanopartículas semicondutoras de CdS, N. Tagmatararchis et al [93] utilizaram um copolímero anfifílico em bloco PSHI (formado por um bloco de poliestireno e um bloco de isopreno de sódio (2-sulfomato-3-carboxilato)). As soluções aquosas de CNT/PSHI são estáveis durante vários meses sem precipitação.

Finalmente, os polímeros tri-bloco POE-PPO-POE (Pluronic® F127 com um peso molecular de12600g/mol) foram também utilizados para estabilizar soluções aquosas de CNT [92, 93].

A utilização de copolímeros em bloco anfifílicos está a tornar-se cada vez mais importante na dispersão de CNT por várias razões:

-Os copolímeros encapsulam os CNTs (ligação não covalente). Isto significa que a estrutura e as propriedades dos CNTs não são afectadas.

-A possibilidade de tirar partido da bi-funcionalidade dos blocos e das diferentes propriedades que cada um deles pode proporcionar.

-A presença do bloco hidrofóbico permite uma melhor adsorção na superfície do

CNT (a superfície dos CNT é hidrofóbica).

-As dispersões em solução aquosa são fáceis de manusear e de caraterizar.

V - NANOCOMPÓSITOS

V - 1 - Diferenças entre compósitos e nanocompósitos

Um compósito é um material em fase sólida constituído por, pelo menos, dois componentes cujas respectivas qualidades se complementam para formar um material com um desempenho global melhorado. Por exemplo, se um plástico naturalmente isolante for colocado com um metal condutor em camadas laminadas, o resultado é um material anisotrópico com propriedades condutoras paralelas às camadas e propriedades isolantes perpendiculares às camadas [94]. Os materiais compósitos contêm inomogeneidades, mas estas são suficientemente pequenas para que os materiais permaneçam homogéneos a uma escala macroscópica. Os materiais compósitos existem naturalmente, como a madeira, que é constituída por lenhina na qual estão incorporadas fibras de celulose.

O que é diferente nos nanocompósitos é o tamanho das cargas presentes na matriz. Têm um tamanho da ordem dos 10 nm e estão presentes em diferentes formas: unidimensionais (CNT), bidimensionais (grafeno e argila) ou tridimensionais (nanoesfera). O osso é um exemplo de um nanocompósito.

Uma vez que as cargas adicionadas às matrizes são pequenas em tamanho, a área de superfície interfacial é maior, resultando numa melhoria significativa das propriedades em comparação com os compósitos convencionais. Além disso, o teor de carga é até 20 vezes inferior ao utilizado para cargas macroscópicas.

	Fibra de carbono	Nanotubo de carbono
Tamanho das partículas	10μm	10nm
Percentagem em volume	30%	3%
Número de partículas	10^5	10^{15}
Interface	~$0,1m^2$	~$100m^2$
Rácio de forma	~100	>1000

Quadro 3: *Comparação das caraterísticas das partículas macroscópicas (fibras de carbono) e das partículas nanométricas (nanotubos de carbono).*

No entanto, a adição de cargas tem desvantagens que afectam o desenvolvimento e as propriedades do compósito final:

-Aumento da viscosidade do sistema.

-Dificuldades na dispersão de cargas na matriz.

Coloração negra da matriz na presença de partículas à base de carbono.

-Fraca coesão matriz-carga.

-É necessário ter conhecimentos de contabilidade.

Existem dois tipos principais de compósitos: os nanocompósitos baseados numa matriz metálica ou cerâmica (mineral) e os compósitos baseados numa matriz polimérica (orgânica).

V - 2 - Compósitos polímero-nanotubos de carbono

V - 2 - 1- Métodos de preparação

Foram desenvolvidas várias estratégias de desenvolvimento, mas para obter materiais de elevado desempenho com excelentes propriedades eléctricas e mecânicas, o método de desenvolvimento é crucial. As técnicas mais utilizadas são a dispersão em solução [96-100], a dispersão em fusão [129, 130] e a polimerização in situ na presença de CNTs [101, 102].

Método de preparação	Princípio	Benefícios	Desvantagens
Misturar solução	Dispersão de CNTs e polímero em solução aquosa auxiliada por ultra-sons e/ou funcionalização de CNTs.	A utilização de níveis baixos de CNT.	Utilização e eliminação de solventes.
Misturar com No estado fundido	A extrusão e a injeção são os métodos mais utilizados para obter melhores dispersões. A funcionalização e a contabilização dos CNT podem também ser utilizadas.	Fácil de produzir à escala industrial (simples, limpo, sem solventes).	Viscosidade no sistema.
Polimerização in situ	Existem dois tipos de polimerização in situ : - Polimerização convencional na presença de CNTs (neste caso, não há ligação covalente com os CNTs). - Enxertia de (ver ponto I.2.1).	No caso do "enxerto de", as propriedades as propriedades mecânicas dos compósitos são melhoradas.	Técnica geralmente longo.

Tabela 3: *Comparação dos diferentes métodos de produção de compósitos polímero/NTC.*

V - 2 - 2- O fenómeno de percolação

A percolação é um problema de comunicação que surge num ambiente de grandes dimensões, no qual se distribui regularmente um grande número de "sítios" susceptíveis de transmitir informações a nível local. Estes sítios comunicam entre si através de ligações cuja eficácia é aleatória. Dependendo do facto de a proporção de ligações activas exceder ou não um valor limite, pode ou não ser possível transmitir informações a longas distâncias. (segundo a Universidade Encycloedia). No caso de um compósito, o limiar de percolação caracteriza, portanto, a concentração de uma das fases acima da qual ocorre a percolação, que se manifesta por uma alteração brusca das propriedades observadas.

No caso dos compósitos CNT-polímeros, o limiar de percolação permitir-nos-á determinar a quantidade de CNT necessária para que estes percolem entre si e criem uma rede que nos permitirá revelar as propriedades específicas dos CNT.

Dependendo do tipo de percolação estudado, a noção de contacto entre os CNT é diferente. A transferência de electrões (percolação eléctrica) não se processa da mesma forma que a transferência de tensões (percolação mecânica). Assim, observam-se limiares de percolação diferentes consoante as propriedades estudadas.

V - 2 - 3 - Abordagem teórica do limiar de percolação

O conceito de volume excluído $<V_{ex}>$ provou ser um método poderoso para estimar o limiar de percolação de compósitos que contêm partículas dispersas estatisticamente não esféricas [103], como os CNT. O conceito baseia-se na ideia de que o limiar de percolação não está relacionado com o volume real das partículas, mas sim com o seu V_{ex}. Este último é definido como o volume em torno de um objeto no qual o centro de outro objeto de forma semelhante não pode penetrar [104].

O volume de um cilindro é dado pela seguinte fórmula:

$$V = \frac{D2}{4} L\pi \ (1)$$

Onde D e L são o diâmetro e o comprimento do cilindro, respetivamente.

No caso dos CNT, o fator de forma μ:

$$\mu = L/D(2)$$

A partir das fórmulas (1) e (2), podemos determinar o volume de exclusão estérica no caso dos CNTs:

$$< Vex > \approx \frac{DL2}{2}\pi (3)$$

E o limiar de percolação p_c pode ser calculado como [105]:

$$Pc \sim v/Vex = D/2L = 1/2\mu (4)$$

No caso dos CNT, o fator de forma pode variar entre 100 e 10.000 em função do método de síntese e dos tratamentos a que os CNT foram submetidos (sonificação, tratamento ácido, etc.). O limiar de percolação situa-se então entre 0,01 % em peso (para os CNT mais longos) e 1 a 2 % em peso (para os CNT mais curtos). Estes valores correspondem largamente aos utilizados na literatura para diferentes matrizes poliméricas. Por exemplo, 0,5 wt.% pode ser encontrado para PMMA [106] e 2 wt.% para PE [107].

O cálculo apresentado anteriormente trata os CNTs como tubos rígidos. No entanto, as imagens TEM mostram os CNT como objectos "ondulados". O efeito da ondulação dos CNT no limiar de percolação foi discutido em várias publicações utilizando diferentes abordagens teóricas [108, 109]. Todas mostram que o limiar de percolação aumenta com o aumento da "ondulação" dos CNT (Figura 22). No entanto, em todos os cálculos, o aumento de p_c permanece muito abaixo de um fator de 2, o que significa que o efeito da ondulação pode ser considerado negligenciável em comparação com o efeito do volume de exclusão estérica.

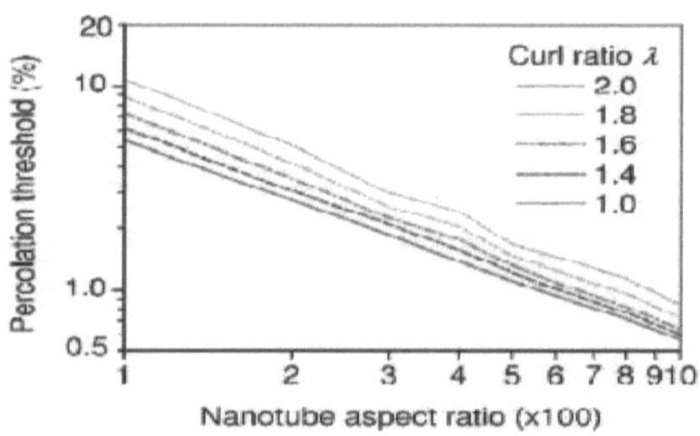

Figura 22: *Simulação que mostra o efeito da ondulação dos CNT no limiar de percolação* [109].

O efeito da presença de agregados no limiar de percolação foi também estudado por Grujicic et al [110]. Como esperado, o limiar de percolação aumenta à medida que aumenta o tamanho dos agregados presentes no compósito.

Existe uma lei de percolação que descreve a mudança de comportamento em torno do limiar de percolação [111, 112]. Esta lei é apresentada na equação (5)

$$P(p) = (p - pc)t(5)$$

Sendo P(p) a probabilidade de, para uma determinada fração de locais ocupados p, um local pertencer ao grupo de percolação. Na prática, P(p) pode corresponder à condutividade do sistema ou à viscosidade relativa medida, sendo p a fração volumétrica ou mássica das cargas, p_c a concentração crítica ou limiar de percolação e t o expoente crítico [113]. Alguns autores relacionam a variação do fator t com a dimensão do sistema, com valores calculados de t ~1,33 correspondentes a um sistema bidimensional e t ~2 a um sistema tridimensional [114]. No entanto, parece bastante complicado extrair informações geométricas exactas sobre a rede de CNT a partir de valores t determinados experimentalmente. Este procedimento não se justifica geralmente.

Estudos demonstraram que existe uma diferença entre o limiar de percolação eléctrica e o limiar de percolação reológica. Isto deve-se ao facto de as partículas carregadas (como os CNT) poderem interagir umas com as outras através das cadeias poliméricas, ao passo que o contacto direto é necessário para a condução eléctrica. Para o sistema termoplástico SWCNT / PMMA, Du et al [114] observaram um limiar reológico a 0,12 wt.%, abaixo do limiar elétrico a 0,39 wt.%. Foi observado um comportamento diferente para os MWCNT num sistema termoendurecido.

Devido à ausência de cadeias de polímeros no estado "líquido" (que podem ser desemaranhadas) nos sistemas termoendurecíveis, o limiar de percolação eléctrica é atingido em primeiro lugar (cerca de 0,04 wt.%), enquanto a percolação reológica é atingida a 0,1 wt.% [115].

Foram utilizadas várias matrizes poliméricas para dispersar os CNT, que podem ser classificadas em dois grupos principais: termoendurecíveis e termoplásticos.

V - 2 - 4 - Compósitos termoendurecíveis

Os compósitos termoendurecidos mais estudados são os compósitos epoxídicos devido às suas importantes aplicações em vários domínios. Os compósitos epoxídicos/NTC foram preparados quer pela via da fusão quer pela via do solvente. Ajayan et al [129] foram dos primeiros a preparar matrizes epoxídicas com MWCNTs. Os compósitos foram preparados por mistura mecânica e a orientação foi observada em secções com uma espessura inferior a 200 nm.

Jin et al [116] também produziram compósitos à base de epóxi com CNTs alinhados no seu interior. Os compósitos foram preparados por solvente (em clorofórmio) e esticados uniaxialmente a 100°C. Estes autores mostraram que os CNTs permaneciam alinhados mesmo depois de o material de enchimento ter sido removido à temperatura ambiente (Figura 23).

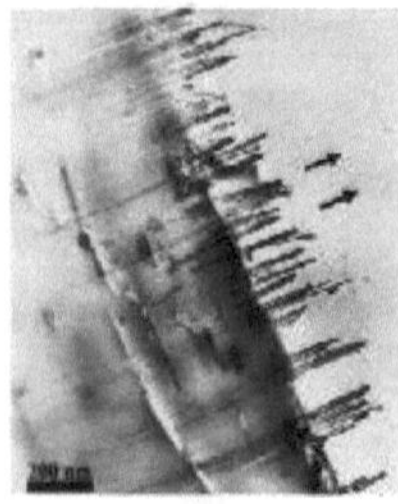

Figura 23: *Imagem TEM de uma fratura interna no compósito de epóxi depois de ser cortado paralelamente à direção de tração. A espessura da amostra é de 90 nm. Os CNTs estão alinhados paralelamente à direção de tração* [116].

Para melhorar a dispersão dos CNT na matriz epoxídica, foram desenvolvidos tratamentos dos CNT com tensioactivos [116, 117].

Todos estes estudos mostram uma mudança no T_g para valores mais elevados e uma melhoria do módulo de elasticidade dos compósitos.

V - 2 - 5 - Compósitos termoplásticos

Diversos compósitos baseados em CNTs e matrizes termoplásticas foram desenvolvidos por diferentes equipas. Nesta secção, apresentaremos apenas alguns exemplos. O grande problema de todos estes estudos é a dificuldade de os comparar, principalmente devido à natureza dos CNT escolhidos, à matriz utilizada e às técnicas de preparação e dispersão dos CNT na matriz.

V - 2 - 6 - Compósitos à base de PMMA

A Tabela 4 mostra as diferentes rotas de preparação de alguns compósitos PMMA/CNT apresentados na literatura e as principais caraterísticas observadas.

Métodos de preparação	Por solvente	Por mistura no estado fundido	Por polimerização em emulsão em solução aquosa na presença de SDS.
Comentários	Limiar de percolação limiar reológico (0,12 % em peso) inferior ao limiar de percolação eléctrica limiar de percolação eléctrica (0,39 % em peso)	Uma melhoria do módulo de elasticidade (Figura 24)	A funcionalização dos CNT por SDS leva a uma diminuição do limiar de percolação reológica (de 2,5 a 1,5 % em peso)

Tabela 4 - Métodos de fabrico de compósitos à base de PMMA e observações obtidas [114, 118-190,120,123].

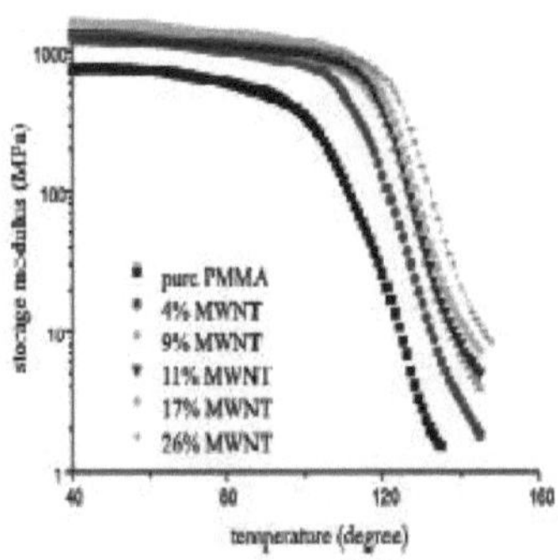

Figura 24: *Módulo de elasticidade em função da temperatura para diferentes compósitos à base de PMMA* [120].

V - 2 - 7 - Compósitos à base de PE

Valentino et al [124] mostram valores limiares de percolação reológica e eléctrica próximos entre 1 e 2,5 wt.% (figura 25) e uma melhor dispersão de CNTs no caso do polietileno de alta densidade em comparação com o polietileno de baixa densidade [154], provavelmente porque a temperatura de mistura não foi adequadamente escolhida, o que é realçado na imagem SEM (figura 26) de PE de baixa densidade + 2,5 wt.% MWNT, que mostra claramente áreas escuras com uma baixa concentração de nanotubos e áreas claras com uma alta concentração de CNTs.

Em contraste, McNally et al [125] encontraram valores reológicos e de limiar de percolação eléctrica semelhantes e valores muito mais elevados (7,5 wt.%) em comparação com o estudo anterior. Esta diferença pode ser explicada pelas diferenças na preparação do compósito. Em ambos os casos, foi utilizada a preparação da massa fundida utilizando uma extrusora de rosca dupla, mas o tempo de residência aumentou de 2 para 10 min e a velocidade de rotação duplicou (de 25 para 50 rpm) entre o segundo e o primeiro estudo.

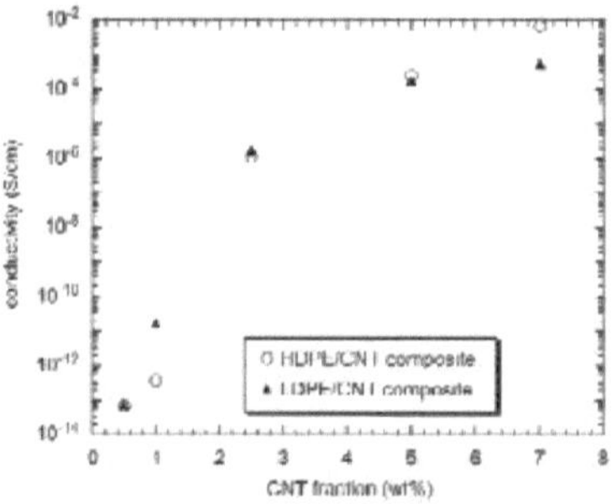

Figura 25: *Condutividade em função da concentração de massa de CNT para matrizes de PE de baixa densidade (LDPE) e alta densidade (HDPE)* [126].

Figura 26: *Imagem SEM de PE de baixa densidade + 2,5 wt.% MWNT* [127].

V - 2 - 8 - <u>Compósitos à base de POE</u>

Abraham et al [128] e Chatterjee et al [129] produziram nanocompósitos POE/NTC em solução aquosa, com MWCNT e SWCNT, respetivamente. Foram efectuados estudos reológicos e eléctricos em amostras com diferentes teores de CNT, a fim de determinar os limiares de percolação eléctrica e reológica. Foi também analisada a variação da cristalinidade em função do teor de CNT. Os resultados são apresentados na Tabela 5.

	SWCNT	MWCNT
Análise reológica	Limiar de percolação reológico a 0,09 wt.%.	Os dois estudos reológicos e eléctricos mostraram a existência de um único limiar de percolação a cerca de 1 wt.%.
Análise eléctrica	Limiar de percolação elétrico a 0,03 wt.%.	
Estudos de cristalinidade	O grau de cristalinidade diminui com o aumento da concentração de CNT	O nível de cristalinidade atinge um pico em níveis baixos de CNT antes de diminuir em níveis mais altos (Figura 27).
Observações	SWCNT funcionalizados com LDS	MWCNT não funcionalizados

Tabela 5: *Principais resultados das caracterizações (reológicas, eléctricas e térmicas) dos compósitos POE/NTC.*

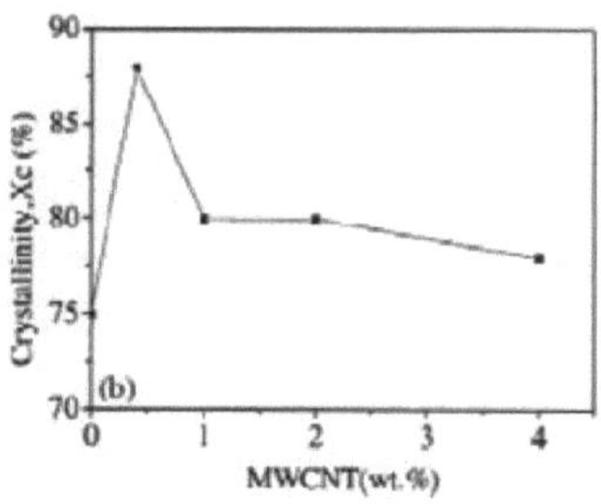

Figura 27: *Resultados de cristalinidade DSC para compósitos de POE com diferentes concentrações de MWCNT* [128].

V - 2 - 9 - Compósitos com diferentes polímeros termoplásticos

Os CNT foram produzidos por vários grupos [130-132] para aplicações fotovoltaicas. As películas foram preparadas utilizando um processo de solvente e os estudos eléctricos e ópticos mostraram uma melhoria das propriedades eléctricas e ópticas na presença de CNTs. Os filmes são também mais resistentes do ponto de vista mecânico.

As matrizes de PVA também foram utilizadas para dispersar os CNT por via aquosa [133-135]. A presença de 1 wt.% de CNT aumenta a taxa de nucleação do PVA.

Wong et al [136] produziram filmes de poliestireno/CNT utilizando um processo com solventes. As observações TEM mostram uma boa adesão entre a matriz e os CNTs. Os ensaios mecânicos efectuados em amostras com um teor de CNT entre 0,1 e 2 wt.% revelaram um ligeiro aumento da taxa de deformação na rutura e do módulo de elasticidade em comparação com o polímero isolado.

Andrews et al [136] prepararam películas de polipropileno/CNT e poliestireno/CNT por via solvente. Mostraram que o limiar de percolação eléctrica dependia da matriz em que os CNT estavam dispersos. O valor do limiar é de 0,05 vol.% no caso do polipropileno, mas este valor aumenta no caso do poliestireno. Os autores constataram igualmente uma ligeira melhoria das propriedades mecânicas quando os CNT foram incorporados.

Para concluir este capítulo, é de salientar que os resultados obtidos para os compósitos polímero/CNT são muito inconsistentes, dependendo do CNT utilizado e das técnicas de dispersão e caraterização empregues. Esta falta de homogeneidade nos diferentes estudos efectuados por vários grupos dificulta a classificação dos compósitos polímero/CNT.

Referências

[01] H. O. Pierson, Handbook of carbon, graphite, diamond and fullerenes: properties, processing and applications, 1993, Noyes Publications, Park Ridge.
[02] B. I. Yakobson, R. E. Smalley, American Scientist, 1997, 85, 324.
[03] Nanotubos de carbono, P. M. Ajayan, Chem. Rev, 1999, 99, 1787-1799.
[04] http://cnst.rice.edu/pics.html
[05]Kroto HW, Heath JR, O'Brien SC, Curl RF, Smalley RE. C60: Buckminsterfullerene. Nature.1985;318(6042):162-3.
[06]Hillert M, Lange, N. . a estrutura dos filamentos de grafite. Zeitschrift fur Kristallographie. 1958;111(111):24.
[07]Oberlin A, Endo M, Koyama T. Filamentous growth of carbon through benzene decomposition.Journal of Crystal Growth. 1976;32(3):335-49.
[08]Iijima S, Ichihashi T. Erratum: Single-shell carbon nanotubes of 1-nm diameter [Nature (1993)363 (603-605)]. Nature. 1993;364(6439):737.
[09] Bethune DS, Kiang CH, De Vries MS, Gorman G, Savoy R, Vazquez J, et al. Cobalt-catalysed growth of carbon nanotubes with single-atomic-layer walls. Nature. 1993;363(6430):605-7.
[10] Journet C, Maser WK, Bernier P, Loiseau A, Lamy de la Chapelle M, Lefrant S, et al. Produção em grande escala de nanotubos de carbono de parede simples pela técnica do arco elétrico. Nature. 1997;388(6644):756-8.
[11]Thess A, Lee R, Nikolaev P, Dai H, Petit P, Robert J, et al. Crystalline ropes of metallic carbonanotubes. Science. 1996;273(5274):483-7.
[12]De Jong KP, Geus JW. Carbon Nanofibers: Catalytic Synthesis and Applications (Nanofibras de Carbono: Síntese Catalítica e Aplicações). Catalysis Reviews- Science and Engineering. 2000;42(4):481-510.
[13] Iijima S, Yudasaka M, Yamada R, Bandow S, Suenaga K, Kokai F, et al. Nano-agregados de nano-cornetas de carbono grafítico de parede simples. Chemical Physics Letters. 1999;309(3-4):165-70.
[14] Wagner RS, Ellis WC, Jackson KA, Arnold SM. Estudo do crescimento filamentar de cristais de silício a partir do vapor. Journal of Applied Physics. 1964;35(10):2993-3000.
[15] Mawhinney DB, Naumenko V, Kuznetsova A, Yates JT, Liu J, Smalley RE. Surface defect site density on single walled carbon nanotubes by titration. Chemical Physics Letters. 2000;324(1-3):213-6. [13] Volpe M, Cleri F. Role of surface chemistry in hydrogen adsorption in single-walled carbon nanotubes. Chemical Physics Letters. 2003;371(3-4):476-82.
[16]He H-y, Pan B-c. Estudos sobre defeitos estruturais em nanotubos de carbono. Fronteiras da Física na China.2009;4(3):297-306.
[17]Chico L , Crespi VH ,Benedict LX, Louie SG, Cohen ML. Pure Carbon Nanoscale Devices: NanotubeHeterojunctions.PhysicalReviewLetters.1996;76(6):971.
[18] Nardelli MB, Yakobson BI, Bernholc J. Mechanism of strain release in carbon nanotubes. Physical Review B - Física da Matéria Condensada e dos Materiais. 1998;57(8).
[19]Rubio A. Propriedades espectroscópicas e imagens STM de nanotubos de carbono. Applied Physics A:Materials Science & Processing. 1999;68(3):275-82.
[20]S. Iijima, Nature, vol.354, pp.56-58, 1991, doi:10.1038/354056a0
[21] T. Guo, P. Nicolaev, A. Thess, D. T. Colbert, R.E Smalley, Chem. Phys. Lett. vol. 243, pp. 49-54. Recuperado em 13 de fevereiro de 1995.
[22] M. J-Yacamán, H. Terrones, L. Rendón e J. M. Domínguez, Carbon, vol.33, Issue 5, pp.669-678, 1995.

[23] C. E. Baddour, C. Briens, International Journal of Chemical Reator engineering, vol.3, R3, 2005 .
[24] Xiao-Lin Xie, Yiu-Wing Mai e Xing-Ping Zhou, Materials Science and Engineering: R: Reports, vol.49, Issue 4, pp. 89-112, 2005.
[25] T. W. Ebbesen, H.J. Lezec, H. Hiura, J. W. Bennett, H. F. Ghaemi e T.Thio, Nature, vol. 382, 1996
[26] Siddiqui NA, Sham ML, Tang BZ, Munir A, Kim JK. Resistência à tração de fibras de vidro com revestimento de nanocompósitos de nanotubos de carbono e epóxi. Composites Part A: Applied Science and Manufacturing. 2009;40(10):1606-14.
[27] Mi M, ccaron, uscaroník, Omastová M, Krupa I, Prokescaron J, et al. A comparative study on the electrical and mechanical behaviour of multi-walled carbon nanotube composites prepared by diluting a masterbatch with various types of polypropylenes. Journal of Applied Polymer Science. 2009;113(4):2536-51.
[28] Ciardelli F, Coiai S, Passaglia E, Pucci A, Ruggeri G. Nanocompósitos à base de poliolefinas e materiais termoplásticos funcionais. Polymer International. 2008;57(6):805-36.
[29] Ahn BW, Chi YS, Kang TJ. Preparação e caraterização de nanotubos de carbono de paredes múltiplas/poli(tereftalato de etileno) nanoweb. Journal of Applied Polymer Science. 2008;110(6):4055-63.
[30]Yu A, Hu H, Bekyarova E, Itkis ME, Gao J, Zhao B, et al. Incorporação de nanotubos de carbono de parede simples altamente dispersos numa matriz de poliimida. Composites Science and Technology. 2006;66(9):1187-94.
[31] Fletcher A, Gupta MC, Dudley KL, Vedeler E. Elastomer foamnanocomposites for electromagnetic dissipation and shielding applications. Composites Science and Technology. 2010;70(6):953-8.
[32] Hu L, Choi JW, Yang Y, Jeong S, La Mantia F, Cui LF, et al. Papel altamente condutor para dispositivos de armazenamento de energia. Actas da Academia Nacional de Ciências dos Estados Unidos da América. 2009;106(51):21490-4.
[34] Dai H, Hafner JH, Rinzler AG, Colbert DT, Smalley RE. Nanotubes as nanoprobes in scanning probe microscopy. Nature. 1996;384(6605):147-50.
[35] Tran PA, Zhang L, Webster TJ. Carbon nanofibers and carbon nanotubes in regenerative medicine. Advanced Drug Delivery Reviews. 2009;61(12):1097-114.
[36] Bianco A, Kostarelos K, Partidos CD, Prato M. Biomedical applications of functionalised carbonnanotubes. Chemical Communications. 2005(5):571-7.
[37] Hou P-X, Liu C, Cheng H-M. Purificação de nanotubos de carbono. Carbon. 2008;46(15):2003-25.
[38] Bonard J-M, Stora T, Salvetat J-P, Maier F, Stöckli T, Duschl C, et al. Purification and size-selection of carbon nanotubes. Advanced Materials. 1997;9(10):827-31. [39] Shelimov KB, Esenaliev RO, Rinzler AG, Huffman CB, Smalley RE. Purificação de nanotubos de carbono de parede simples por filtração assistida por ultra-sons. Chemical Physics Letters. 1998;282(5-6):429-34.
[40] Hu H, Yu A, Kim E, Zhao B, Itkis ME, Bekyarova E, et al. Influence of the Zeta Potential on the Dispersability and Purification of Single-Walled Carbon Nanotubes. The Journal of Physical Chemistry B. 2005;109(23):11520-4.
[41] Bandow S, Asaka S, Zhao X, Ando Y. Purificação e propriedades magnéticas de nanotubos de carbono. Applied Physics A: Materials Science & Processing. 1998;67(1):23-7.
[42] Bandow S, Rao AM, Williams KA, Thess A, Smalley RE, Eklund PC. Purification of Single-Wall Carbon Nanotubes by Microfiltration. The Journal of Physical Chemistry B. 1997;101(44):8839-42.

[43] Wang Y, Gao L, Sun J, Liu Y, Zheng S, Kajiura H, et al. An integrated route for purification, cutting and dispersion of single-walled carbon nanotubes. Chemical Physics Letters. 2006;432(1-3):205-8.
[44] S. Bordere JMC, NE. El Bounia, P. Gaillard, N. Passade-Boupat, P.M. Piccione, D. Plée. PRODUÇÃO INDUSTRIAL E APLICAÇÕES DE NANOTUBOS DE CARBONO. wwwgraphistrengthcom
[45] Park C, Lee S, Lee JH, Lim J, Lee SC, Park M, et al. Controlled assembly of carbon nanotubes encapsulated with amphiphilic block copolymer. Carbon. 2007;45(10):2072-8.
[46] Mountrichas G, Pispas S, Tagmatarchis N. Aqueous Carbon-Nanotube-Amphiphilic-Block-Copolymer Nanoensembles: Towards Realization of Charge-Transfer Processes with Semiconductor Quantum Dots13. Small. 2007;3(3):404-7.
[47] Hirsch A. Functionalization of single-walled carbon nanotubes. Angewandte Chemie - Edição Internacional. 2002;41(11):1853-9.
[48] Kitano H, Tachimoto K, Anraku Y. Funcionalização de nanotubos de carbono de parede simples através da modificação covalente com cadeias de polímeros. Journal of Colloid and Interface Science. 2007;306(1):28-33.
[49] Muckenhuber H, Grothe H. The heterogeneous reaction between soot and NO2 at elevated temperature. Carbon. 2006;44(3):546-59.
[50]Chen J, Hamon MA, Hu H, Chen Y, Rao AM, Eklund PC, et al. Solution Properties of Single-Walled Carbon Nanotubes. Science. 1998 October 2, 1998;282(5386):95-8.
[51] Riggs JE, Guo Z, Carroll DL, Sun Y-P. Strong Luminescence of Solubilized Carbon Nanotubes. Journal of the American Chemical Society. 2000;122(24):5879-80.
[52] Lin Y, Zhou B, Shiral Fernando KA, Liu P, Allard LF, Sun Y-P. Polymeric Carbon Nanocomposites from Carbon Nanotubes Functionalized with Matrix Polymer. Macromolecules.2003;36(19):7199-204.
[53] Sano M, Kamino A, Okamura J, Shinkai S. Self-Organization of PEO-graft-Single-Walled Carbon Nanotubes in Solutions and Langmuir-Blodgett Films. Langmuir. 2001;17(17):5125-8.
[54] Pompeo F, Resasco DE. Water Solubilization of Single-Walled Carbon Nanotubes by Functionalization with Glucosamine. Nano Letters.2002;2(4): 36973.
[55] Liu Y, Yao Z, Adronov A. Functionalization of Single-Walled Carbon Nanotubes with Well-Defined Polymers by Radical Coupling [Funcionalização de Nanotubos de Carbono de Parede Única com Polímeros Bem Definidos por Acoplamento Radical]. Macromolecules. 2005;38(4):1172-9.
[56] Shanmugharaj AM, Bae JH, Nayak RR, Ryu SH. Preparação de nanotubos de carbono de paredes múltiplas enxertados com poli(estireno-co-acrilonitrilo) através de polimerização radical de transferência de átomos iniciada pela superfície. Jornal de Ciência de Polímeros Parte A: Química de Polímeros. 2007;45(3):460-70.
[57] Qin S, Qin D, Ford WT, Resasco DE, Herrera JE. Polymer Brushes on Single-Walled Carbon Nanotubes by Atom Transfer Radical Polymerization of n-Butyl Methacrylate. Journal of the American Chemical Society. 2003;126(1):170-6.
[58] Ye-Zi Y, et al. Crescimento direto de polímeros iónicos em nanotubos de carbono de paredes múltiplas através de polimerização RAFT de superfície. Nanotechnology. 2006;17(9):2350.
[59] Hong C-Y, You Y-Z, Pan C-Y. A new approach to functionalize multi-walled carbon nanotubes by the use of functional polymers. Polymer. 2006;47(12):4300-9.
[60] Kong H, Gao C, Yan D. Controlled Functionalization of Multiwalled Carbon Nanotubes by in Situ Atom Transfer Radical Polymerization. Journal of the American Chemical Society. 2003;126(2):412-3.
[61] Kong H, Gao C, Yan D. Functionalization of Multiwalled Carbon Nanotubes by Atom

Transfer Radical Polymerization and Defunctionalization of the Products. Macromolecules. 2004;37(11):4022-30.
[62] Blake R, Gun'ko YK, Coleman J, Cadek M, Fonseca A, Nagy JB, et al. A Generic Organometallic Approach towards Ultra-Strong Carbon Nanotube Polymer Composites. Journal of the American Chemical Society. 2004;126(33):10226-7.
[63] Coleman JN, Cadek M, Blake R, Nicolosi V, Ryan KP, Belton C, et al. High Performance Nanotube-Reinforced Plastics: Understanding the Mechanism of Strength Increase. Advanced Functional Materials. 2004;14(8):791-8.
[64] Tasis D, Tagmatarchis N, Georgakilas V, Prato M. Soluble Carbon Nanotubes. Chemistry - A European Journal. 2003;9(17):4000-8.
[65]Andreas H. Functionalization of Single-Walled Carbon Nanotubes. Angewandte Chemie Edição Internacional. 2002;41(11):1853-9.
[66] Barber AH, Cohen SR, Wagner HD. Medição da interfacial nanotubo de carbono - polímero
força. Applied Physics Letters. 2003;82(23):4140-2.
[67] Moniruzzaman M, Winey KI. Polymer Nanocomposites Containing Carbon Nanotubes. Macromoléculas. 2006;39(16):5194-205.
[68] Liu L, Etika KC, Liao K-S, Hess LA, Bergbreiter DE, Grunlan JC. Comparação de nanotubos de carbono funcionalizados de forma covalente e não covalente em epóxi. Macromolecular Rapid Communications.2009;30(8):627-32.
[69] Tasis D, Tagmatarchis N, Bianco A, Prato M. Chemistry of carbon nanotubes. Chemical Reviews.2006;106(3):1105-36.
[70] O'Connell MJ, Boul P, Ericson LM, Huffman C, Wang Y, Haroz E, et al. Reversible water-solubilization of single-walled carbon nanotubes by polymer wrapping. Chemical Physics Letters. 2001;342(3-4):265-71.
[71] Steuerman DW, Star A, Narizzano R, Choi H, Ries RS, Nicolini C, et al. Interações entre Polímeros Conjugados e Nanotubos de Carbono de Parede Única. The Journal of Physical Chemistry B. 2002;106(12):3124-30.
[72] Star A, Stoddart JF, Steuerman D, Diehl M, Boukai A, Wong EW, et al. Preparation and properties of polymer- wrapped single-walled carbon nanotubes. Angewandte Chemie - International Edition. 2001;40(9):1721-5.
[73] Zorbas V, Ortiz-Acevedo A, Dalton AB, Yoshida MM, Dieckmann GR, Draper RK, et al. Preparation and characterization of individual peptide-wrapped single-walled carbon nanotubes. Journal of the American Chemical Society. 2004;126(23):7222-7.
[74] Shim M, Javey A, Shi Kam NW, Dai H. Polymer Functionalization for Air-Stable n-Type Carbon Nanotube Field-Effect Transistors. Journal of the American Chemical Society. 2001;123(46):11512-3.
[75] Pan B, Xing B. Adsorption Mechanisms of Organic Chemicals on Carbon Nanotubes (Mecanismos de Adsorção de Produtos Químicos Orgânicos em Nanotubos de Carbono). Environmental Science & Technology. 2008;42(24):9005-13.
[76] Doe C, Choi SM, Kline SR, Jang HS, Kim TH. Charged Rod-Like Nanoparticles Assisting Single-Walled Carbon Nanotube Dispersion in Water. Advanced Functional Materials. 2008;18(18):2685-91.
[77] Vigolo B, Penicaud A, Coulon C, Sauder C, Pailler R, Journet C, et al. Macroscopic Fibers and Ribbons of Oriented Carbon Nanotubes. Science. 2000 November 17, 2000;290(5495):1331-4.
[78] Star A, Stoddart JF, Steuerman D, Diehl M, Boukai A, Wong EW, et al. Preparation and Properties of Polymer-Wrapped Single-Walled Carbon Nanotubes13. Angewandte Chemie International Edition. 2001;40(9):1721-5. 68.

[79] Yuan WZ, Mao Y, Zhao H, Sun JZ, Xu HP, Jin JK, et al. Electronic Interactions and Polymer Effect in the Functionalization and Solvation of Carbon Nanotubes by Pyrene- and Ferrocene-Containing Poly(1-alkyne)s. Macromolecules. 2008;41(3):701-7.
[80] Morishita T, Matsushita M, Katagiri Y, Fukumori K. Noncovalent functionalization of carbon nanotubes with maleimide polymers applicable to high-melting polymer-based composites. Carbon. 2010;48(8):2308-16.
[81] Dieckmann GR, Dalton AB, Johnson PA, Razal J, Chen J, Giordano GM, et al. Controlled Assembly of Carbon Nanotubes by Designed Amphiphilic Peptide Helices. Journal of the American Chemical Society. 2003;125(7):1770-7.
[82] Kim O-K, Je J, Baldwin JW, Kooi S, Pehrsson PE, Buckley LJ. Solubilization of Single-Wall Carbon Nanotubes by Supramolecular Encapsulation of Helical Amylose (Solubilização de nanotubos de carbono de parede simples por encapsulamento supramolecular de amilose helicoidal). Journal of the American Chemical Society. 2003;125(15):4426-7.
[83] Zheng M, Jagota A, Semke ED, Diner BA, McLean RS, Lustig SR, et al. DNA-assisted dispersion and separation of carbon nanotubes. Nature Materials. 2003;2(5):338-42.
[84] Zheng M, Jagota A, Strano MS, Santos AP, Barone P, Chou SG, et al. Structure-Based Carbon Nanotube Sorting by Sequence-Dependent DNA Assembly. Science. 2003 November 28, 2003;302(5650):1545-8.
[85] Lodge TP. Block Copolymers: Past Successes and Future Challenges. Macromolecular Chemistry and Physics. 2003;204(2):265-73.
[86] Zou J, Liu L, Chen H, Khondaker SI, McCullough RD, Huo Q, et al. Dispersão de nanotubos de carbono puros utilizando copolímeros de blocos conjugados. Advanced Materials. 2008;20(11):2055-60.
[87] Itzhak R, Raichman D, Shahar Z, Frey GL, Frey J, Yerushalmi-Rozen R. Tailoring Triblock Copolymers for Dispersion of Individual, Pristine, Single-Walled Carbon Nanotubes in Organic Solvents. The Journal of Physical Chemistry C. 2010;114(9):3748-53.
[88] Shvartzman-Cohen R, Levi-Kalisman Y, Nativ-Roth E, Yerushalmi-Rozen R. Generic Approach for Dispersing Single-Walled Carbon Nanotubes: The Strength of a Weak Interaction. Langmuir. 2004;20(15):6085-8.
[89]Sluzarenko N, Heurtefeu B, Maugey M, Zakri C, Poulin P, Lecommandoux S. Diblock copolymer stabilization of multi-wall carbon nanotubes in organic solvents and their use in composites. Carbon. 2006;44(15):3207-12.
[90] Cotiuga I, Picchioni F, Agarwal US, Wouters D, Loos J, Lemstra PJ. Solubilização de nanotubos de carbono assistida por polímeros em bloco e monitorização da esfoliação através da viscosidade. Comunicações Rápidas Macromoleculares. 2006;27(13):1073-8.
[91] Lee JU, Huh J, Kim KH, Park C, Jo WH. Suspensão aquosa de nanotubos de carbono através da funcionalização não covalente com poli(etilenoglicol) terminado em oligotiofeno. Carbon. 2007;45(5):1051-7.
[92] Shvartzman-Cohen R, Nativ-Roth E, Baskaran E, Levi-Kalisman Y, Szleifer I, Yerushalmi-Rozen R. Selective Dispersion of Single-Walled Carbon Nanotubes in the Presence of Polymers: the Role of Molecular and Colloidal Length Scales. Journal of the American Chemical Society. 2004;126(45):14850-7.
[93] Nativ-Roth E, Shvartzman-Cohen R, Bounioux C, Florent M, Zhang D, Szleifer I, et al. Physical Adsorption of Block Copolymers to SWNT and MWNT: A Nonwrapping Mechanism. Macromolecules. 2007;40(10):3676-85.
[94] Milton W. The Theory of Composites; 2002.
[95] McClory CC, S. J., McNally T. Polymer/Carbon Nanotube Composites. Australian Journal of Chemistry. 2009;62(8):762-85.
[96] Jin L, Bower C, Zhou O. Alignment of carbon nanotubes in a polymer matrix by mechanical stretching. Applied Physics Letters. 1998;73(9):1197-9.

[97] Bin Y, Kitanaka M, Zhu D, Matsuo M. Development of Highly Oriented Polyethylene Filled with Aligned Carbon Nanotubes by Gelation/Crystallization from Solutions. Macromolecules. 2003;36(16):6213-9.
[98] Wong M, Paramsothy M, Xu XJ, Ren Y, Li S, Liao K.Physical interactions at carbon nanotubepolymer interface. Polymer. 2003;44(25):7757-64.
[99] Ajayan PM, Stephan O, Colliex C, Trauth D. Aligned carbon nanotube arrays formed by cutting a polymer resin-nanotube composite. Science. 1994;265(5176):1212-4.
[100] Jin Z, Pramoda KP, Xu G, Goh SH. Dynamic mechanical behavior of melt-processed multi-walled carbon nanotube/poly(methacrylate methyl) composites. Chemical Physics Letters. 2001;337(1-3):43-7.
[101] Putz KW, Mitchell CA, Krishnamoorti R, Green PF. Elastic modulus of single-walled carbon nanotube/poly(methacrylate methacrylate) nanocomposites. Journal of Polymer Science, Part B: Polymer Physics. 2004;42(12):2286-93.
[102] Barraza HJ, Pompeo F, O'Rear EA, Resasco DE. Compósitos Termoplásticos e Elastoméricos Preenchidos com SWNT Preparados por Polimerização em Miniemulsão. Nano Letters. 2002;2(8).
[103] Celzard A, McRae E, Deleuze C, Dufort M, Furdin G, Mar, et al. Critical concentration in percolating systems containing a high-aspect-ratio filler. Physical Review B. 1996;53(10):6209.
[104] Onsager L. THE EFFECTS OF SHAPE ON THE INTERACTION OF COLLOIDAL PARTICLES. Anais da Academia de Ciências de Nova Iorque. 1949;51(4):627-59.
[105] Balberg I, Anderson CH, Alexander S, Wagner N. O volume excluído e a sua relação com o início da percolação. Physical Review B. 1984;30(7):3933.
[106] Dai J, Wang Q, Li W, Wei Z, Xu G. Propriedades de nanocompósitos de poli (metacrilato de metilo) modificados com SWNT bem alinhados. Materials Letters. 2007;61(1):27-9.
[107] Gorrasi G, Sarno M, Di Bartolomeo A, Sannino D, Ciambelli P, Vittoria V. Incorporation of carbon nanotubes into polyethylene by high energy ball milling: Morphology and physical properties. Journal of Polymer Science Part B: Polymer Physics. 2007;45(5):597-606.
[108] Dalmas F, Dendievel R, Chazeau L, Cavaillé J-Y, Gauthier C. Carbon nanotube-filled polymer composites. Simulação numérica da condutividade eléctrica em redes fibrosas emaranhadas tridimensionais. Ata Materialia. 2006;54(11):2923-31.
[109] Li C, Chou T-W. Percolação contínua de nanocompósitos com cargas de formas arbitrárias. Applied Physics Letters. 2007;90(17):174108.
[110] GRUJICIC, 160, M., CAO, G., ROY, et al. A computational analysis of the percolation threshold and the electrical conductivity of carbon nanotubes filled polymeric materials. Heidelberg, ALEMANHA: Springer 2004.
[111] Stauffer D, Aharony, A. . Introduction to the Percolation theory (Introdução à teoria da percolação). Taylor Francis et. Londres 1992.
[112] Clerc JP, Giraud G, Laugier JM, Luck JM. The electrical conductivity of binary disordered systems, percolation clusters, fractals and related models. Advances in Physics. 1990;39(3):191 - 309.
[113] Kilbride BE, Coleman JN, Fraysse J, Fournet P, Cadek M, Drury A, et al. Experimental observation of scaling laws for alternating current and direct current conductivity in polymer-carbon nanotube composite thin films. Journal of Applied Physics. 2002;92(7):4024-30.
[114] Du F, Fischer JE, Winey KI. Método de coagulação para a preparação de carbono de parede simples
nanotubos/compósitos de poli(metacrilato de metilo) e o seu módulo, condutividade eléctrica e estabilidade térmica. Journal of Polymer Science, Part B: Polymer Physics. 2003;41(24):3333-

8.
[115] Gojny FH, Wichmann MHG, Fiedler B, Kinloch IA, Bauhofer W, Windle AH, et al. Evaluation and identification of electrical and thermal conduction mechanisms in carbon nanotube/epoxy composites. Polymer. 2006;47(6):2036-45.
[116] Gong X, Liu J, Baskaran S, Voise RD, Young JS. Surfactant-Assisted Processing of Carbon Nanotube/Polymer Composites [Processamento Assistido por Surfactantes de Compósitos de Nanotubos de Carbono/Polímeros]. Chemistry of Materials. 2000;12(4):1049-52.
[117] Cui S, Canet R, Derre A, Couzi M, Delhaes P. Characterization of multiwall carbon nanotubes and influence of surfactant in the nanocomposite processing. Carbon. 2003;41(4):797-809.
[118] Stéphan C, Nguyen TP, De La Chapelle ML, Lefrant S, Journet C, Bernier P. Characterization of singlewalled carbon nanotubes-PMMA composites. Synthetic Metals. 2000;108(2):139-49.
[119] de la Chapelle ML, Stéphan C, Nguyen TP, Lefrant S, Journet C, Bernier P, et al. Raman characterization of singlewalled carbon nanotubes and PMMA-nanotubes composites. Synthetic Metals. 1999;103(1-3):2510-2.
[120] Du F, Scogna RC, Zhou W, Brand S, Fischer JE, Winey KI. Redes de nanotubos em nanocompósitos de polímeros: Reologia e condutividade eléctrica. Macromolecules. 2004;37(24):9048-55.
[121] Zhou Z, Wang S, Lu L, Zhang Y, Zhang Y. Preparação e caraterização reológica de compósitos de poli(metacrilato de metilo)/nanotubos de carbono de paredes múltiplas funcionalizados. Composites Science and Technology. 2007;67(9):1861-9.
[122] Ferrara M, Neitzert HC, Sarno M, Gorrasi G, Sannino D, Vittoria V, et al. Influência do campo elétrico aplicado durante o ciclo térmico na condutividade dos compósitos LLDPE/CNT. Physica E: Low-Dimensional Systems and Nanostructures. 2007;37(1-2):66-71.
[123] Liang GD, Tjong SC. Propriedades eléctricas de nanocompósitos de polietileno de baixa densidade/nanotubos de carbono de paredes múltiplas. Materials Chemistry and Physics. 2006;100(1):132-7.
[124] Valentino O, Sarno M, Rainone NG, Nobile MR, Ciambelli P, Neitzert HC, et al. Influence of the polymer structure and nanotube concentration on the conductivity and rheological properties of polyethylene/CNT composites. Physica E: Low-Dimensional Systems and Nanostructures. 2008;40(7):2440-5.
[125] McNally T, Pötschke P, Halley P, Murphy M, Martin D, Bell SEJ, et al. Polyethylene multiwalled carbon nanotube composites. Polymer. 2005;46(19 SPEC. ISS.):8222-32.
[126] Jin Z, Sun X, Xu G, Goh SH, Ji W. Nonlinear optical properties of some polymer/multi - walled carbon nanotube composites. Chemical Physics Letters. 2000;318(6):505-10.
[127] Goh HW, Goh SH, Xu GQ, Lee KY, Yang GY, Lee YW, et al. Optical Limiting Properties of DoubleC60-End-Capped Poly(ethylene oxide), Double-C60-End-Capped Poly (ethylene oxide)/Poly(ethylene oxide) Blend, and Double-C60-End-Capped Poly(ethylene oxide)/Multiwalled Carbon Nanotube Composite. The Journal of Physical Chemistry B. 2003; 107(25):6056-62.
[128] Abraham TN, Debdatta R, Siengchin S, Karger-Kocsis J. Rheological and thermal properties of poly(ethylene oxide)/multiwall carbon nanotube composites. Journal of Applied Polymer Science. 2008;110(4):2094-101.
[129] Chatterjee T, Yurekli K, Hadjiev VG, Krishnamoorti R. Single-Walled Carbon Nanotube Dispersions in Poly(ethylene oxide). Materiais Funcionais Avançados. 2005;15(11): 1832-8.
[130] Musa I, Baxendale M, Amaratunga GAJ, Eccleston W. Propriedades de compósitos regioregulares de poli (3-octiltiofeno)/nanotubos de carbono de paredes múltiplas. Synthetic Metals. 1999;102(1-3):1250-.

[131] Kymakis E, Alexandrou I, Amaratunga GAJ. Dispositivos fotovoltaicos de alta tensão de circuito aberto a partir de compósitos de polímeros de nanotubos de carbono. Journal of Applied Physics.2003;93(3): 1764-8.
[132] Kymakis E, Amaratunga GAJ. Single-wall carbon nanotube/conjugated polymer photovoltaic devices. Applied Physics Letters. 2002;80(1):112.
[133] Shaffer MSP, Windle AH. Fabrico e caraterização de compósitos de nanotubos de carbono/poli (álcool vinílico). Advanced Materials. 1999;11(11):937-41.
[134] Ryan KP, Cadek M, Nicolosi V, Walker S, Ruether M, Fonseca A, et al. Multiwalled carbon nanotube nucleated crystallization and reinforcement in poly (vinyl alcohol) composites. Synthetic Metals. 2006;156(2-4):332-5.
[135] Cadek M, Coleman JN, Barron V, Hedicke K, Blau WJ. Morphological and mechanical properties of carbon-nanotube-reinforced semicrystalline and amorphous polymer composites. Applied Physics Letters. 2002;81(27):5123-5.
[136]Andrews R, Jacques D, Minot M, Rantell T. Fabrication of carbon multiwall nanotube /polymer composites by shear mixing. Macromolecular Materials and Engineering. 2002; 287(6):395-403.

MIX
Papier aus verantwortungsvollen Quellen
Paper from responsible sources
FSC® C105338

Printed by Books on Demand GmbH, Norderstedt / Germany